Irans Kampf um Wasser

Die Vergangenheit und ihre Lehren, die Zukunft und ihre Aufgaben in der iranischen Wasserwirtschaft

Von

Dr.-Ing. Gholam-Resa Kuros

Mit 70 Abbildungen

Berlin

Springer-Verlag

1943

ISBN-13: 978-3-642-94018-7   e-ISBN-13: 978-3-642-94418-5
DOI: 10.1007/978-3-642-94418-5

Erscheint zugleich als Heft 70 des „Archiv für Wasserwirtschaft", herausgegeben vom
Reichsverband der Deutschen Wasserwirtschaft e. V. im NSBDT.

Einem freien Vaterland!

Inhaltsverzeichnis.

2. Teil.

Die Bedeutung der Wasserwirtschaft für die iranische Volkswirtschaft.

3. Teil.

Die bisherigen wasserwirtschaftlichen Verhältnisse.

4. Teil.
Die zukünftige Wasserwirtschaft Irans.

Aussprache der iranischen Orts- und Eigennamen.

Allgemein verdeutschte Ortsnamen wurden beibehalten; ihre richtige Schreibweise unter Zugrundelegung der iranischen Aussprache ist jedoch meist dahinter in Klammern angegeben, wobei wie auch im allgemeinen auf Folgendes zu achten ist:

a = ausgesprochen wie in der süddeutschen Mundart.
ä = so wie „a" in der Vorsilbe ab oder an.
kh = stets wie „ch" in „trachten".
s = stets wie „ß" in dem Wort „Gruß".
z = stets wie „s" in dem Wort „sausen".
gh = nicht im Gaumen, sondern im Rachen gebildetes „g".
-e-: zwischen zwei Hauptwörtern deutet auf den zweiten Fall (Genetiv) hin und ist so
auszusprechen, als gehöre es dem ersten Hauptwort.

Die Betonung liegt stets auf dem letzten Laut, der fast überall noch etwas gedehnt ausgesprochen wird.

Einleitung.[1]

Spielt die Wasserfrage in den gemäßigten Klimaten mit reichlichen Niederschlägen schon eine hervorragende Rolle, so bedeutet sie in den Trockengebieten, zu denen auch größtenteils das Iranische Hochland gehört, jedoch den Angelpunkt aller wirtschaftlichen Möglichkeiten. Will man hier neue Wirtschaftsgebiete erschließen oder die bestehenden intensiver bewirtschaften, so muß man zunächst die Frage der Wasserbeschaffung lösen. Die Bedeutung der Wasserwirtschaft für die gesamte Volkswirtschaft Irans werden wir im 2. Teil dieser Arbeit im einzelnen kennenlernen.

Iran blickt auf eine fast 3000jährige Kulturgeschichte zurück. Sein Klima ist heute höchstwahrscheinlich das gleiche wie damals. Damit ist ausgesprochen, daß der Rückgang der alten hohen Kultur Irans in späteren Zeiten nicht auf eine etwaige Austrocknung des Landes, wie es von manchen Forschern behauptet wird, zurückzuführen ist, sondern hauptsächlich auf die Einfälle fremder Nachbarvölker, welche für das Land verhängnisvolle Folgen hatten.

Die Natur hat Iran leider wenig mit segenbringenden und ständig fließenden Flüssen ausgestattet. Seine Bewohner standen daher bereits in den Uranfängen ihrer kulturellen Siedlung dieser natürlichen Ungunst gegenüber.

Die Verbundenheit der Iranier mit der Natur, die besonders aus den Lehren Zarathustras klar hervorgeht, hatte zur Folge, daß das Streben nach einer künstlich geregelten Wasserwirtschaft bereits im grauen Altertum im Volke fest verwurzelt war.

Vor rd. 2500—3000 Jahren gelang es den Iraniern, den damaligen Bedürfnissen entsprechend die bestmögliche Lösung des Wasserproblems herbeizuführen. Diese geniale Erfindung, von der man heute noch sehr oft Gebrauch macht, ermöglicht, eine oder mehrere Gemeinden gleichzeitig mit Wasser zu versorgen. Sie ist heute unter dem Namen „Käris" oder „Kanat" bekannt.

Die im 3. Teil, Abschn. I B 3 c ermittelten geschichtlichen Daten lassen den Bau von Kärisen bis etwa 500 Jahre v. d. Zw. verfolgen. Da ihre Entwicklung zweifellos noch einige Zeit benötigte, so können wir mit einer gewissen Sicherheit annehmen, daß diese altiranische Errungenschaft rd. 3000 Jahre alt ist. Diese kunstvolle Methode der Wasserbeschaffung neben den sinnvollen Lebensgesetzen der alten Iranier zur Pflege der Landeskultur und Feldwirtschaft sprechen auch ihrerseits sehr deutlich von der hohen Kulturstufe Irans im Altertum.

Sind die Ägypter als große Wasserbauer, die Römer als hervorragende Baumeister und die Griechen als gute Ingenieure des Altertums zu bezeichnen, so müssen wir die Iranier als große Meister der Grundwasser- und Tiefbautechnik dieser Zeit ansehen. Ägyptische Talsperren- und Flußbauten [103, S. 9], römische Wasserleitungsbrücken, griechische Druckrohrleitungen und die iranischen Kärisanlagen sind noch heute wirksame Belege hierfür. Auch auf dem Gebiete des Talsperrenbaues haben die Iranier im Altertum kunstvolle und sinnreich erdachte Bauwerke geschaffen, die im 3. Teil ausführlich behandelt werden.

Eine Zusammenstellung der wichtigsten geschichtlichen wasserwirtschaftlichen Bauten Irans (seit 500 Jahren v. d. Zw. bis jetzt), welche hier zum ersten Male durchgeführt ist,

---

[1]) Die schrägen Ziffern in eckigen Klammern [ ] beziehen sich auf das Schriftenverzeichnis. Ist dabei eine Seitenzahl hinzugefügt, so bezieht sie sich auf die betreffende Schrift.

versetzt uns in die Lage, von früheren, besonders altertümlichen Wasserbauten Irans ein klares Bild zu gewinnen.

Eine der wichtigsten Aufgaben der vorliegenden Arbeit besteht jedoch darin, die natürlichen Verhältnisse des Iranischen Hochlandes für die Schaffung moderner Wassergewinnungsanlagen gründlich zu untersuchen; sie werden im 1. Teil dieser Arbeit ausführlich behandelt werden. Die Mannigfaltigkeit der Abflußverhältnisse des Iranischen Hochlandes liefert dabei für den Wissenschaftler eine Reihe von sehr interessanten und reizvollen Fragen hydrogeologischer und wasserwirtschaftlicher Art, auf die näher eingegangen wird.

Im 4. Teil dieser Arbeit lernen wir schließlich auf Grund der vorangegangenen Untersuchungen alle Möglichkeiten der Wassergewinnung auf dem Iranischen Hochland näher kennen.

Zum Schluß sei darauf hingewiesen, daß bei den vorliegenden Untersuchungen vielfach geeignete Unterlagen fehlten. So liegen bis heute vom Iranischen Hochland noch keine für die Zwecke der Wissenschaft brauchbaren geologischen und geographischen Karten vor, was die spezielle ausführliche Bearbeitung dieser oder jener Frage fast unmöglich macht. Ebenso fehlt es an regelmäßigen langjährigen meteorologischen Beobachtungen, Wasserstands- und Wassermengenmessungen. Diese für uns sehr wichtigen Kenntnisse mußten daher, soweit sie vorhanden sind, aus älteren und neuesten deutschen, englischen, französischen und iranischen Forschungen, Berichten der Presse, Zeitschriften und Reisebeschreibungen bekannter Wissenschaftler gesammelt und ausgewertet werden.

1. Teil

Das Hochland von Iran.

I. Geographische Verhältnisse.

A. Gebietsbegrenzung.

Der heutige Iran, Afghanistan und Britisch-Belutschistan bilden zusammen morphologisch ein unteilbares Gebiet von rd. 2,65 Mill. km² Flächeninhalt, welches als „das Iranische Hochland" bezeichnet wird. Dieses wird im Norden von der aralo-kaspischen Depression, im Süden vom Iranischen Golf und dem Golf von Oman, im Westen vom mesopotamischen Tiefland und im Osten von der Indus-Niederung begrenzt. Das Iranische Hochland gliedert sich in ein inneres abflußloses Beckenland mit etwa 1,65 und ein peripheres Gebiet mit rd. 1,0 Mill. km² Flächeninhalt. Von dem rd. 2,65 km² großen Gesamtgebiet des Hochlandes entfallen auf Iran 62%, auf Afghanistan 25% und auf Britisch-Belutschistan 13%.

Die Hauptwasserscheide des Hochplateaus verläuft im Osten weit außerhalb der politischen Grenzen Irans mit seinen Nachbarländern.

B. Morphologische Übersicht.

Von allen Forschern des Iranischen Hochlandes wird die große Konzeption von Suess angenommen, daß die Anordnung der Gebirgszüge und Depressionen des Iranischen Hochlandes auf einen mächtigen Druck vom Norden her zurückzuführen ist, welcher im Osten und Westen auf den stärksten Widerstand stieß und dadurch gerade dort die intensivste Stauung und Faltung hervorrief. Infolgedessen ist auch die Seehöhe des Landes im Westen und Nordosten bedeutender als im Zentrum und Süden. Faltengebirge kamen dort nur untergeordnet zustande, während sie dagegen in den südwestlichen und südöstlichen Randketten überwiegen [*114, 115, 155, 161*].

1. Gebirgszüge.

Den Ausgangspunkt der Gebirgszüge des Hochlandes kann man in die Pamire legen, von denen zwei große Hauptstränge nach Westen und Südwesten ausstrahlen und im Nordwesten sich wieder scharen (Abb. 1).

Wir können die Gebirgszüge des Hochlandes in folgende fünf Gruppen einteilen [*114, 115, 155*]:

- a) die nordiranische Randkette,
- b) „ südiranische Randkette,
- c) „ zentraliranischen Gebirge,
- d) „ ostiranischen Gebirge,
- e) „ zentralafghanischen Gebirge.

a) Die **nördliche Randkette** setzt sich wiederum aus verschiedenen Gebirgssystemen und Parallelketten zusammen (Abb. 1). Die höchsten Kämme dieser Randgebirgskette sind in dem Pamir der Tirisch-Mir mit 7800 m, im Elburs-(Älborz-)System der Demawend (Dämawänd) mit 5670 m und schließlich im Nordwesten der Ararat mit 5157 m Seehöhe. Diese Gebirgskette weist an drei Stellen, nämlich bei Herat, Schahrud und Mändjil ihre

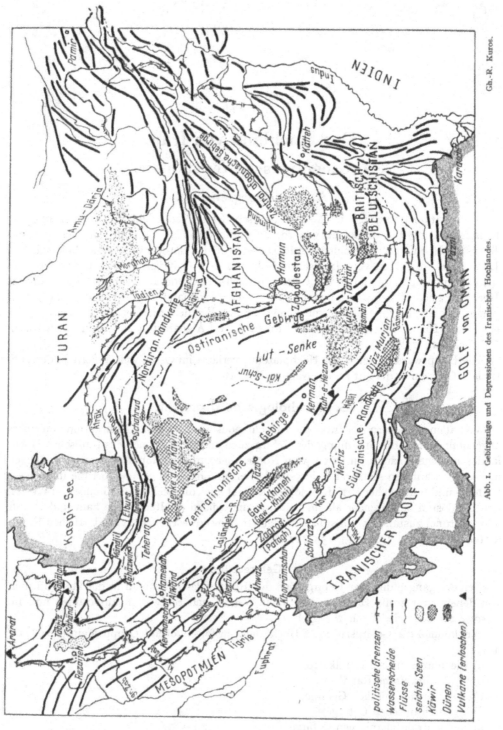

Abb. 1. Gebirgszüge und Depressionen des Iranischen Hochlandes.

tiefsten Punkte auf. Diese Gebirgssenken spielen insofern eine große klimatische Rolle, als sie Einfallstore für die nordöstlichen Luftströmungen darstellen (vgl. hierzu Abchn. IIIB „Luftdruck und Luftzirkulation)".

Von der nördlichen Randkette sei hier nur das Elburs-System kurz erwähnt. Dieses verläuft südlich des Kaspischen Meeres und übt auf die klimatischen Verhältnisse und den Wasserhaushalt seiner Abhänge einen großen Einfluß aus, bei Demawend besitzt es seine

Aus: Iran, das neue Persien.
Abb. 2. Welliges Weideland außerhalb der Hauptwasserscheide in Azärbajdjan.

größte (rd. 130 km) und bei Schahrud seine kleinste Breite (rd. 60 km). Die mittleren Kammhöhen dieser besonders steil und wild zur Kaspi-Niederung abfallenden Gebirge schwanken zwischen 3000 bis 4000 m.

b) Die **südliche Randgebirgskette** ist stark gefaltet. Ihre Zerlegung in drei Teile, deren Trennungslinien etwa in den Meridianen von Ketta (Kätteh) und Bändär-e-Äbbas liegen, fällt sofort in die Augen [*115*, S. 22]. Der östliche und höchste Teil (bis fast 5000 m Seehöhe) zeigt im allgemeinen NO—SW-Richtung. Bei Ketta biegen die Berge fast nach NW um. Der mittlere Teil, welcher auch verhältnismäßig am niedrigsten ist, stellt tektonisch den zerrissensten Teil der südlichen Randgebirgskette dar. Der westliche und längste Bogen enthält u. a. das Zagros-(Patagh-), Bäkhtiari- bzw. Poscht-e-(Kuh-)[1]-Gebirge. Er weist nordwestlich von Schiraz eine durchschnittliche Höhe von 2500—3000 m auf. Doch übersteigen einzelne Kämme auch hier die Höhe von 4000 m. Der Elwend-(Älwänd-) Gipfel ist 4600 m hoch [*114, 115*].

Aus: Iran, das neue Persien
Abb. 3. Peripherielandschaft. Ab-e-Diz, ein Nebenfluß des Karun westlich der Stadt Dezful.

c) Die **zentraliranischen Gebirge** zweigen sich von der südlichen Randkette in der Gegend von Ketta ab und verlaufen quer durch die von den Randketten eingeschlossene große Depression des Iranischen Hochlandes nach Nordwesten. In ihrem

---

[1] Kuh heißt auf iranisch Berg; Zagros ist griechisch, im Iranischen sagt man dazu Patagh,

Abb. 4. Urwaldlandschaft am Kaspischen Meer.

Aus: Iran, das neue Persien.

Abb. 5. Kahle Erosionsland-schaft auf dem Binnenhoch-land; Unterlauf des Hable-Rud wenige Kilometer vor dem Austritt aus dem Gebirge.

Dr. Kronecker.

Abb. 6. Auf dem Binnenhoch-land; Hable-Rud-Tal oberhalb des Dorfes Gheschlagh süd-westlich Teherans; steppen-artige Vegetation bedeckt das breite Tal.

Dr. Kronecker.

Verlauf weisen sie zahlreiche Vulkane mit über 4000 m Seehöhe auf. Ihre mittlere Höhe schwankt zwischen 2000 bis 3000 m.

d) Die **ostiranischen Bergketten** gehen vom Vulkan Kuh-e-Täftan (3800 m) in SSO—NNW-Richtung ab. Sie gliedern den nördlichen Teil der großen iranischen Depression in ein westliches und ein östliches Becken. Ihre durchschnittlichen Kammhöhen betragen etwa 2500 m.

e) Die **zentralafghanischen Gebirge** strahlen fächerförmig nach Südwesten aus. Ihre Kammhöhen (bis 5000 m) nehmen nach Westen zu allmählich ab, bis sie von den jungen Aufschüttungen des Sistan[2]-Beckens überdeckt werden.

Zum Schluß sei noch vollständigkeitshalber auf einen Nord—Süd gerichteten Gebirgszug östlich der Großen Käwir hingewiesen, der in der Streichrichtung des Ural-Gebirges quer durch das Iranische Hochland verläuft und von R. Furon als Ural-Iran-Madagaskar-Achse bezeichnet wird [58, S. 37]. Dieser Gebirgszug ist älter als die anderen Ketten, seine Richtung hat infolge der späteren Gebirgsbildungen Änderungen erfahren, sie ist aber auch nicht ohne Einfluß auf das Streichen der nördlichen und südlichen Ketten gewesen (Abb. 1). Auch S. Hedin hat auf

Dr. Kronecker.

Abb. 7. Das gewaltige Werk der Erosion auf dem Binnenhochland.

Junkers Flugzeugwerke A. G.

Abb. 8. Hochgebirgslandschaft im Elburz; ausgedehnte Schutthalden, aus denen Bergmassive inselförmig herausragen, sind zu erkennen.

seiner Forschungsreise durch Iran diese NS-Querfaltung festgestellt und mißt ihr für die Entstehung der großen Depressionen des Iranischen Hochlandes eine große Bedeutung bei [77, S. 512].

---

[2] Sistan ist in Iran umbenannt worden und heißt heute Zabolestan.

2. Depressionen.

Die Depressionen des Iranischen Hochlandes stellen Geosynklinalen[3] dar, welche von den jüngsten Aufschüttungen erfüllt sind. Ihre Ausbildung hängt also unmittelbar mit der

Junkers Flugzeuge A.-G.

Abb. 9. Hochgebirgslandschaft im Elburz.

Gebirgsbildung zusammen. Die mittlere Seehöhe der Senken wird im Westen auf 1200 m und im Osten auf 700 m geschätzt [155, S. 2]; A. Gabriel maß den tiefsten Punkt seiner

Dr. Kronecker.

Abb. 10. Vorgebirgslandschaft des Elburz. Im Vordergrund ist die Furchenbewässerung und im Hintergrund ein Schöpfbrunnen aus der Zeit Schah-Abbas I. zu erkennen (s. hierzu noch Abb. 60).

Routen in der Lut-Senke mit 260 m [61, S. 219]. Wie bereits erwähnt, bilden die nördlichen und südlichen Randgebirge die äußeren Grenzen der großen Iranischen Depressionen.

---

[3] Hiermit bezeichnet man bewegliche, tief und verhältnismäßig rasch einsinkende Zonen der Erdrinde, die infolge ihrer Senkung in der Regel vom Meer und seinen Sedimenten bedeckt und später zu einer Stätte der Faltung wurden (nach C. Ch. Beringer, Geologisches Wörterbuch. Stuttgart 1937).

Die zentraliranischen Gebirge teilen sie zunächst in ein nördliches und ein südliches Becken ein. Das nördliche große Becken wird wiederum durch die ostiranischen Gebirgsketten in ein westliches und ein östliches getrennt (Abb. 1). Durch kleinere Höhenzüge werden alle diese Senken in Becken der mannigfachen Art zerlegt, von denen im Gebiete Irans u. a. die Senke der „Großen Käwir"[1] und die „Lut"-Senke die größten und bedeutendsten sind. Die zentralen Teile der Binnensenken werden von Salzsümpfen und Sanddünen bedeckt. Diese dem Iranischen Hochland eigentümlichen Salzschlammsümpfe, auf deren Entstehung im geologischen Abschn (II B 2). ausführlich eingegangen wird, nennen die Einheimischen Käwire.

C. Natürliche Landschaftsformen.

Man kann die Landschaftsformen des Iranischen Hochlandes zunächst ganz allgemein in folgende zwei Gruppen einteilen [114, S. 95]:

    1. abflußlose Binnenlandschaftsformen,

    2. periphere Landschaftsformen.

Aus: Iran, das neue Persien.

Abb. 11. Hüglige Steppenlandschaft auf dem Binnenhochland. Mit kleinem Gefälle schlängelt sich ein Wasserlauf durch die schutzlose Ebene.

Gebiete, welche nach außen entwässert werden, zeigen ein dem Landschaftscharakter und dem Klima entsprechendes Relief (Abb. 2—4), während wir auf der Innenseite der Wasserscheide ein völlig verändertes Bild vorfinden. In langsamem Gefälle mit flachen gleichmäßigen Formen ziehen sich die Innenränder der Gebirge in das wasserarme Steppen- und Wüstenhochland hinein und verschwinden allmählich im Schutt der großen Binnen-becken [115, S. 20]. Die Binnenlandschaften sind fast überall ohne jegliche Pflanzendecke (Abb. 5—7), während die peripheren Landschaften, wo dazu reichliche Niederschläge vorhanden sind, dichte Bewaldung aufweisen, wie z. B. die nordseitigen Hänge des Elburs-gebirges (Abb. 4).

1. Die abflußlosen Binnenhochlandschaften.

Bei näherer Betrachtung kann man hier drei große Landschaftsgruppen unterscheiden.

a) **Hochgebirgslandschaften** (Abb. 8 u. 9). Diese greifen zugleich als Verbindungsräume auf die peripheren Gebiete über. Infolge ihres felsigen Charakters gestatten sie nur in den

---

[1] Die Käwir = Salzsumpf, Käwire = Salzsümpfe (dtsch. Mehrzahlform!).

Tälern Anbau und können daher einer beschränkten Bevölkerungszahl Lebensraum gewähren [*114*].

b) **Mittel- und Vorgebirgslandschaften.** Sie enthalten die größten und ältesten Kulturoasen des Hochlandes (Abb. 10). Die Erschließung neuen Kulturlandes beschränkt sich

Abb. 12. Káwir (Salzsumpf); Schollenboden.   Aus: Durch Persiens Wüsten.

auf dem Binnenhochland zum größten Teil auf diese Landschaften, da die Wasserbeschaffung den natürlichen Verhältnissen entsprechend hier leichter stattfinden kann, als in den flachen anbaufähigen Steppenlandschaften.

Aus: Im weltentfernten Orient.
Abb. 13. Dünenlandschaften auf dem Binnenhochland; das Dünenmeer der südlichen Lut,
relative Höhen bis 125 m.

c) **Steppen- und Wüstenlandschaften.** Abgesehen von den anbaufähigen (Abb. 11) oder sterilen Steinsteppen gehören hierher noch die Käwire und Dünenlandschaften (Abb. 12—13). Die letzteren beobachtet man oft infolge der vorherrschenden Nord- bzw. Nordwestwinde im Süden oder Südosten der Senken, wenn die Geländeverhältnisse ihre Entstehung zulassen. Sie kommen entweder in geschlossener (Lut-Senke) oder in unterbrochener Form vor (südlich der Käwire). Die größten Sandmassen, die Iran besitzt, haben sich im Dünenmeer der südlichen Lut angehäuft, welche die Hauptsammelstelle des Sandes für den ganzen Wüstengürtel bildet [61, S. 181]. Unter den Dünenland-schaften gibt es unbewachsene und daher bewegliche, und bewachsene, welche oft eine mehr oder weniger dichte aus Saxaul-Sträuchern bestehende Bepflanzung aufweisen [61, S. 121] (Abb. 14).

Die Käwire und Dünenlandschaften scheiden nicht nur als Kulturland aus, sondern stellen zwischen den verschiedenen Wirtschaftsgebieten Irans für die modernen Transport-mittel unüberwindbare Verkehrshindernisse dar.

Aus: Im weltentferntesten Orient.
Abb. 14. Am Rande des Dünenmeeres der südlichen Lut; aus dem Bild Größe der Dünenbewachsung (Saxaul-Sträucher) zu erkennen.

2. Die peripheren Landschaftsformen.

Bei diesen Landschaftsgruppen kann man ebenfalls zwischen Gebirgs- und Flach-land unterscheiden. Dazwischen kann man noch die mannigfachsten Übergänge beobachten [114, S. 95]. Hierher gehören auch die Küstenlandschaften am Kaspisee und am Iranischen Golf, welche durch Geschiebeablagerungen der hier einmündenden Flüsse entstanden sind. Ihre Breite hängt mit der Größe der Flüsse und ihrer Geschiebeführung zusammen. Am Kaspisee schwankt sie zwischen 3—60 km [155, S. 26].

Am Iranischen Golf senkt sich das Gelände von den südlichen Randgebirgen bis zu den Gewässern ganz allmählich; dieses sehr schwache Gefälle setzt sich gewöhnlich auch am Meeresboden fort.

II. Geologische Verhältnisse.

Die geologischen Verhältnisse des Iranischen Hochlandes sind noch nicht vollständig erforscht. Unsere bisherigen Kenntnisse beruhen lediglich auf einer Reihe örtlicher deut-scher, englischer und französischer Untersuchungen früherer und neuester Zeit. Von unserem Gebiet gibt es daher überhaupt keine für technische Zwecke brauchbaren geolo-gischen Karten. Bei wasserwirtschaftlichen Untersuchungen ist aber die Kenntnis der geologischen Verhältnisse des Planungsgebietes, wie wir später sehen werden, vielleicht in keinem anderen Land so dringend erforderlich, wie auf dem Iranischen Hochland.

Im Laufe unserer geologischen Studien konnten bestimmte eigentümliche Erscheinungen des Iranischen Hochlandes festgestellt werden, aus denen sich für wasserwirtschaftliche Untersuchungen wichtige Folgerungen ziehen lassen. An dieser Stelle halten wir daher die

Wiedergabe einer kurz gefaßten geologischen Übersicht des Iranischen Hochlandes für unentbehrlich, da es eine Zusammenfassung der verstreut vorhandenen Arbeiten älterer und neuester Zeit nicht gibt.

Wir folgen dabei den bekannten Arbeiten von E. Tietze (1875—1879), O. v. Niedermayer (1920), A. F. Stahl (1896—1911), S. Hedin (1927), A. Rivière (1934) und R. Furon (1937). Auf die Arbeiten anderer Forscher, soweit sie uns interessieren, wird ferner im Laufe der Arbeit hingewiesen werden.

A. Übersicht der geologischen Formationen und Gebirgsbildungen.

Urzeit.

Nach der Entdeckung des marinen fossilienhaltigen Kambrium in Iran und Afghanistan kann man nun annehmen, daß eine Reihe der kristallinen Gesteine der Urzeit angehört [58, S. 36]. Diese sind bisher in den nord- und zentraliranischen Gebirgszügen beobachtet worden [115, S. 18].

Paläozoikum.

Kambrium. Das Unter- und Mittelkambrium sind erst im Jahre 1925 zwischen Kerman und dem Iranischen Golf entdeckt worden. Die Gesteine sind kristalline, sehr feinkörnige Kalksteine, welche von kieseligen Dolomiten überlagert werden [58, S. 36].

Silur. Vom Silur kennt man bisher lediglich eine einzige Stelle, nämlich nördlich von Bändär-e-Äbbas [58, S. 36].

Gebirgsbildung. Die erste Hebung des Hochlandes fand zur Zeit des Silur statt [155, S. 36].

Devon. Unterdevon ist nirgends mit Sicherheit nachgewiesen worden; es enthält nämlich keine Fossilien, scheint aber überall auf dem Hochland durch Sandsteine und rote Quarzite vertreten zu sein, welche unmittelbar unter den mittel- bzw. oberdevonischen Kalken beobachtet werden [58, S. 36]. Das marine Mitteldevon ist in Armenien, in den zentraliranischen Gebirgen und an den Rändern der Zagros-Kette festgestellt worden [58, S. 36]. Oberdevon tritt an verschiedenen Stellen der Randgebirge mit teilweise größerer Mächtigkeit auf, ist aber im zentralen Teil des Landes nur an wenigen Stellen zu finden [115, S. 18].

Karbon. Das Unterkarbon ist in den nördlichen Gebirgen zahlreich bekannt und kommt ferner im Zagros und in Afghanistan vor. Es besteht aus bis zu 100 m mächtigen Kohlenkalken. Das Oberkarbon ist bisher an wenigen Stellen Irans und Afghanistans nachgewiesen worden; seine Schichten sind weniger mächtig als die des Unterkarbon [155, S. 11].

Perm. Das marine Perm ist durch helle Kalke vertreten und ist in Afghanistan besser bekannt als in Iran [58, S. 37].

Gebirgsbildung. Nach A. F. Stahl trat nach der Ablagerung des Kohlenkalkes eine größere Hebung des ganzen Landes ein. R. Furon führt dazu aus, daß gegen Ende des Permo-Karbon sehr heftige Bewegungen der Erdrinde neue Gebirgszüge entstehen ließen. Im Osten ist das obere Perm durch Lavaströmungen unterbrochen. Im Hendukosch und den ihn nach Osten fortsetzenden Gebirgsketten waren nämlich die neuen Bodenerhebungen von gewaltigen Vulkanen begleitet, deren Tätigkeit etwa bis zum Rhät anhielt. In Iran sind die Verhältnisse jedoch verworrener. In allen nördlichen Zonen sind Hebungen festgestellt worden, aber die späteren Gebirgsbildungen scheinen ihren Verlauf geändert zu haben. Die Entstehung des Nord—Süd gerichteten Gebirgszuges östlich der Großen Käwir, deren Streichrichtung R. Furon als die Ural-Iran-Madagascar-Achse bezeichnet, schreibt der Autor dieser Epoche zu.

Mesozoikum.

Trias. Triassische Sedimente sind nur an wenigen Stellen in Nord- und Zentral-Iran nachgewiesen worden (im Elburs in der Umgegend von Teheran, weiter in Ost-Iran und bei Kabul). In der nördlichen Zone werden sie oft durch mächtige Lavaschichten und vulkanische Tuffe unterbrochen, während in Ost-Belutschistan bis 1000 m mächtige Trias-Schichten beobachtet werden [58, S. 38].

Räth, Lias und Dogger. Sie sind in einer mächtigen Schichtfolge verschiedentlich in den nördlichen Randgebirgen und im zentralen Iran festgestellt worden. Die zugehörigen Gesteine bestehen aus Sedimenten, Sandsteinen und Schiefertonen, welche abbauwürdige Steinkohlenflöze führen.

Jura. Weißer Jura wurde in den nördlichen Randgebirgen von der türkischen Grenze bis in den Hendukosch hinein, vereinzelt auch in den zentralen und südiranischen Ketten angetroffen [115, S. 19].

Gebirgsbildung. Gegen Ende der Jurazeit haben epirogene[1] Bewegungen stattgefunden, welche in Afghanistan nachweisbar und für das übrige Hochland sehr wahrscheinlich sind [58, S. 39].

Kreide. Nur an wenigen Orten Irans konnte die untere Kreideformation mit Sicherheit bestimmt werden. Es ist aber anzunehmen, daß ihre Verbreitung recht ausgedehnt ist. Bedeutend stärker entwickelt als die vorliegende ist die obere Kreideformation, wie auch ihre Verbreitung eine sehr ausgedehnte ist [155, S. 14]. Aus dem oberen Kreidemeer kamen daher mächtige Schichtenkomplexe zur Ablagerung, deren Mächtigkeit etwa 5000 m betragen soll [58, S. 42].

Tertiär.

Eocän. Eocän-Schichten sind anscheinend fast auf dem ganzen Hochland zur Ausscheidung gekommen [58, S. 39], die jedoch im ganzen keine große Mächtigkeit annehmen [155, S. 16].

Oligocän. Oligocän ist nirgends mit Sicherheit nachgewiesen worden [155, S. 18].

Gebirgsbildung. Auf die Zeit der verhältnismäßigen Ruhe im Eocän folgten gewaltige tektonische Verschiebungen, Bruchlinienbildung und Austritt trachytischer und andesitischer Magmen; es erscheint mehr als wahrscheinlich, daß während der ganzen Oligocänzeit die verschiedenen Ausbrüche fortdauerten und erst zu Anfang der Miocänzeit wieder Ruhe herrschte [155, S. 24].

R. Furon führt dazu aus, daß diese Zeit eine Periode stärkster vulkanischer Tätigkeit gewesen ist, in deren Verlauf im zentralen Elburs etwa 3000 m starke grüne Tuffe zum Ausbruch gekommen sind. Diese ist die einzige Epoche, in welcher der Elburs gewaltige Massen ausgeworfen hat [58, S. 40].

Miocän. Die miocänen Ablagerungen bestehen nach A. F. Stahl [155, S. 18] aus zwei Gruppen, die sich voneinander lithologisch und petrographisch unterscheiden. Die unteren Ablagerungen bestehen vorwiegend aus fossilienreichen, tuffartigen hellen Kalken; die zweite obere Miocänbildung besteht dagegen aus den sog. Salz- oder Gipsformationen. Diese Bildung besteht aus wechsellagernden Schichten von Sandsteinen roter, brauner und grauer Färbung, graublauen Mergeln, bunten Tonen und geschieferten grauen mergeligen Kalken. Diesen Schichten sind Gips- und Steinsalzlager unterlagert; auch sind sämtliche Gesteine von Salz und Gipsspat durchsetzt. Die Entstehung der Salzstöcke und Erdöllager Irans fällt gleichfalls in diese Zeit. Dieser geologischen Formation kommt im Rahmen unserer wasserwirtschaftlichen Untersuchungen insofern eine große Bedeutung zu, als sie bei ihrer weit verbreiteten Ausdehnung die Urquelle des oft sehr beträchtlichen Salzgehaltes aller iranischen Flüsse und des Grundwassers bildet und daher als das geologische Unglück Irans zu betrachten ist.

In der Zeit des Miocän erstreckte sich das östliche Mittelmeer über Syrien und Mesopotamien bis weit nach Süden und Osten des Iranischen Hochlandes. Damit stand der

---

[1] Bei epirogenen Bewegungen handelt es sich um weitspannige Auf- und Abwärtsbewegungen, die unter Verbiegung, ohne Bruch, vor sich gehen kann, also um Auf- und Einwölbung der Erdkruste.

Iranische Golf zum letzten Male mit dem östlichen Mittelmeer unmittelbar in Verbindung. In Iran häuften sich die Sedimente in bis etwa 2000 m mächtigen Schichten an.

Nach R. Furon, sowie nach A. F. Stahl bedeckte das miocäne Meer jedoch nirgends das ältere, höher liegende Gestein. Dazu erklärt R. Furon, daß das Elburs- und Zagros-Gebirge aus diesem Meer inselförmig hervorragten [*155*, S. 19; *58*, S. 40)].

Gebirgsbildung. „Mitten in der Miocänzeit folgt die Hebung des ganzen Iranischen Hochlandes, eine weitere Gebirgsbildung und eine Isolierung der einzelnen Becken des miocänen Meeres vom Ozean. Ein darauffolgendes trockenes, heißes Klima bei nur wenigem Zufluß zum Binnenmeere gab die Veranlassung zum Eintrocknen desselben, wobei Gips und Salz ausgeschieden wurden" [*155*, S. 25].

Pliocän. Im Nordwesten Irans beobachtet man Tone, Mergel, Sande, Kalktuffe usw., welche zum Pliocän gehören.

In Belutschistan ist das Pliocän durch mächtige Schichten von Sandsteinen, Tonen und Konglomeraten vertreten, welche der Siwalik-Serie[1] angehören. Am Iranischen Golf wird diese Formation von englischen Autoren unter dem Namen Fars-Reihe[2] zusammengefaßt. Die erstere erreicht nach R. Furon südlich vom Himalaja eine Mächtigkeit von 6000 m, die letztere nach R. K. Richardson 1650 m [*133*, S. 5].

Gebirgsbildung. Gegen Ende des Pliocän und Anfang des Diluviums sind stellenweise weitere, recht intensive orogenetische (gebirgsbildende) Veränderungen und die Eruption von Basalten und Laven auf den früheren geotektonischen Bruchlinien zu verzeichnen. Auch das Erlöschen der Vulkane Ararat, Sähänd, Säwälan, Demawend usw. ist in diese Zeit zu verlegen. Durch Erdbebenspalten und Risse wurde der Lauf vieler Flüsse, so z. B. des Sefid-Rud[3], Araxes (Äräs) usw. wesentlich verändert, wodurch auch ein großer Teil des Wassers des Rezaijeh[4]-Sees abgeleitet wurde [*155*, S. 25].

Quartär.

Diluvium. Unsere bisherigen Vorstellungen von den Zuständen des Iranischen Hochlandes während des Diluviums beruhten bis vor kurzem lediglich auf den Beobachtungen und Schlußfolgerungen der großen Erforscher der Iranischen Binnenbecken [*59* bis *61*; *74* bis *77*; *83*; *115*].

Zur Erklärung der hier beobachteten Erscheinungen wurde eine der Eiszeit nördlicher Gebiete entsprechende „Pluvialzeit", wie es z. B. von Blanckenhorn [*12*] für das benachbarte Trockengebiet Syrien bereits geschehen war, angenommen [*115*], auf die im nächsten Abschnitt im Zusammenhang mit den Iranischen Binnensenken eingegangen wird. Die neuen Forschungen einer italienischen Expedition im Jahre 1933 unter der Leitung von A. Desio [*26*] im Gebiete von Zärdeh-Kuh (westlich Esfähan) und die Untersuchungen von H. Bobek [*17*] im Jahre 1934 im Elburs und Nordwesten haben jedoch Spuren örtlicher eiszeitlicher Vergletscherungen in den Gebirgen Irans nachgewiesen, welche A. F. Stahl bereits vor langen Jahren vermutet hatte [*155*, S. 21).

H. Bobek kommt auf Grund seiner Studien zu dem Ergebnis, daß man die Vorstellung einer „Pluvialzeit" für Iran fallen lassen muß. Ferner ist seine Erklärung über die pleisto-cänen Aufschüttungen (Talverschotterungen im Innern der Gebirge, Schwemmkegel und Schotterterrassen am Gebirgsrand) bemerkenswert. Die große Schuttanlieferung in den vergletscherten und auch in den davon unbetroffenen Gebieten während dieser Epoche führt er nämlich auf das Absinken der Schneegrenze (um 800 m) zurück, welches große Teile der Gebirgskämme in den Bereich besonders wirksamer Frostsprengung und aus-

---

[1] Siwalik-Formationen der Terminologie von Blanford nach seinen geologischen Untersuchungen in Indien.

[2] Die Fars-Reihe ist der Bäkhtiari-Reihe identisch und setzt sich wie die Siwalik-Gruppe aus unteren, mittleren und oberen Schichten zusammen.

[3] „Rud" oder „Rudkhaneh" bedeutet auf iranisch „Fluß".

[4] Urmia-See (Orumijeh-) ist in Rezaijeh-See umbenannt worden.

giebigen Schuttfließens brachte [17, S. 163]. Diese Schotteraufschüttungen, welche bereits die Aufmerksamkeit älterer Forscher auf sich gelenkt hatten, kommen nicht nur auf der Süd- und Nordflanke des Elburs vor, sondern finden sich auch in anderen Gebieten Irans, so berichtet z. B. A. Desio von Konglomerat- und Schotterterrassen in mehreren Tälern des Zärdehkuh-Gebietes. Diese geologische Erscheinung ist, wie sich noch zeigen wird, für die Erfassung der ober- und unterirdischen Abflüsse von großer Bedeutung.

.Alluvium. Die Entstehung der Küsten am Kaspischen Meer, am Iranischen Golf, die Bildung der iranischen Dünenlandschaften, sowie gewisse Ablagerungen in den Senken stammen aus der Zeit des Alluviums. In dieser Hinsicht verdient erwähnt zu werden, daß die fruchtbare Ebene von Khusestan im Südwesten Irans durch die Ablagerungen des Karun und seiner Nebenflüsse entstanden ist, welcher neben dem Tigris und Euphrat große Geschiebemengen in den Iranischen Golf schickt. R. Furon gibt für die jährliche Zunahme der Küstenbreite 20 m an [58, S. 42]. Bemerkenswert ist auch die schematische Darstellung der Küste des Iranischen Golfes im 4. Jahrhundert v. d. Zw. durch den holländischen Ingenieur Gr. v. Roggen (Abb. 48).

B. Beschaffenheit und Entstehung der Iranischen Binnensenken.

1. Beschaffenheit.

a) Allgemeines. Schon bei der Beschreibung der geographischen Verhältnisse wurde auf die Trennung des abflußlosen Binnenhochlandes in mannigfachste Binnensenken hingewiesen. Weiter haben wir das allgemeine charakteristische Bild der Binnenhochland-

Abb. 15. Käwir; Schollenboden, getrocknet und hochgeworfen. Aus: Durch Persiens Wusten.

schaften kennengelernt. Hierüber sollen in diesem Abschnitt noch nähere, für uns wichtige Angaben gemacht werden. In allen Binnenbecken des Iranischen Hochlandes beobachtet man weit ausgedehnte Schutthalden, die sich am Hang der umliegenden Gebirge herunterziehen und nach der Ebene zu immer langsamer an Gefälle verlieren, bis sie schließlich in die zentralen, ebenen Teile der Depressionen (Käwire) übergehen oder mit Schutthalden gegenüberliegender Gebirge zusammentreffen. Aus diesen gewaltigen Schuttmeeren ragen oft Gebirgskämme wie Inseln heraus, deren Verbindungen zu benachbarten Höhenzügen mehr oder weniger tief unter ihnen begraben liegen.

Diese innere Landschaftsform können wir näher in folgende Einzelteile gliedern: Gebirgsabdachungen, Schutthalden bzw. kies- und grusbedeckte Steppen mit einer Neigung von 0—3° [61, S. 22] und schließlich die Käwire und Dünen [77, S. 516]. Die Entstehung der Schuttmassen ist auf die großen Temperaturschwankungen und die damit verbundene Gesteinssprengung dieser ariden Gebiete zurückzuführen, die möglicherweise noch durch Salzverwitterungen unterstützt wurde [*61*, S. 22]. Für ihre Beförderung bis weit in die tiefsten Teile der Senken werden Wasser und Wind verantwortlich gemacht. Die

außerordentlich lebhafte Verwitterung in solchen extrem ariden oder subariden Gebieten können wir schon daraus ermessen, daß heute tägliche Temperaturunterschiede von 40—50° an vielen Orten Irans nichts Seltenes sind. Die gewaltige Bildung und ausgedehnte Verbreitung der Schuttmassen wird jedoch den Eiszeiten zugeschrieben (S. 14).

Diese Schuttmassen entstammen also aus den umliegenden Gebirgen, ihre Korngröße nimmt nach den zentralen ebenen Teilen zu ständig ab, bis sie schließlich in dem Ton und Schlamm der Salzsümpfe am kleinsten wird.

Die iranischen Schutthalden sind stets unbewachsen [*61*, S. 22]. O. v. Niedermayer beobachtete auf seiner Forschungsreise durch die Binnenbecken ältere und jüngere Schuttkegel, die sich in verschiedener Ausdehnung von den Bergen ausbreiten. Unter Annahme von Pluvialperioden, welche entsprechend den nördlichen Interglazial-

Aus: Im weltentfernten Orient.
Abb. 16. Kâwir; Schollenboden, emporgepreßte Salztonmauer.

zeiten von Interpluvialzeiten begleitet waren, läßt sich diese Erscheinung erklären [*155*].

Aus: Durch Persiens Wüsten.
Abb. 17. Kâwir; Polygonalboden, wird gewöhnlich in den tiefsten Teilen der Senken angetroffen. In den Berührungsflächen der Sechsecke starke Wulstenbildung (bis 20 cm Höhe) zu beobachten.

Die Armut der Schutthalden an Erosionsrinnen wird allgemein als auffallend bezeichnet [*155*, S. 59].

b) Käwire. Die Mitten der Senken werden von Käwiren eingenommen, die sich in den verschiedensten Stufen der Austrocknung befinden können [*61*, S. 180] (Abb. 12, 15, 16, 17). Die Verbreitung dieser dem Iranischen Hochland eigentümlichen Salzsümpfe schätzt man auf etwa $1/_3$ von dem gesamten Flächeninhalt Irans. Diese Flächen gehören zu den vollkommensten Wüsten des Erdkörpers, die jeden Lebens bar sind. Der größte Salzsumpf Irans ist die Große Käwir, welche bei etwa 55 000 km² eine größte Breite von 250 km und eine Länge von 400 km aufweist.

Beschreibung und Bodenformen. Das unmittelbare Randgebiet der Käwire besteht auf einer Breite von einigen Kilometern aus Sand und Kies, wobei die Käwirgrenze stets sehr scharf ausgeprägt ist. In den Randgebieten der Großen Käwir beobachtet man an verschiedenen Stellen Terrassen, welche Strandlinien der früheren Ausdehnung eines jetzt ausgetrockneten Salzsees darstellen [*77*, S. 523].

Die Käwirlandschaften sind sehr flach, wobei die einzelnen Mulden, aus welchen sich der Salzsumpf möglicherweise zusammensetzt, jedoch unter sich verhältnismäßig größere Höhenunterschiede aufweisen können. Man unterscheidet in der Käwir zwischen Schollen- und Polygonalboden [*155*, S. 58]. Der erstere (Abb. 12, 15, 16), welcher nach bisherigen Forschungen in den äußeren Teilen der Käwir angetroffen wird, ist mehr oder weniger aufgeworfen. Die Schollen bestehen aus steinharten, etwa dezimeterdicken Tonplatten, die ganz mit Salz überzogen sind. Man kann aber auch auf meterhohe Salztonmauern stoßen, deren Entstehung auf dieselbe Ursache zurückzuführen ist (Abb. 16) [*61*, S. 27].

Der Polygonalboden (Abb. 17) nimmt die tiefsten Teile der Käwir ein. Der mit einer starken Salzkruste bedeckte Boden ist in regelmäßige Polygone, meist Sechsecke zerschnitten, welche oft einen Durchmesser von einigen Metern erreichen können [*61*, S. 26]. Die Ränder der Scheiben sind durch Tangentialdruck aufgeworfen und ragen oft bis 20 cm hoch über den flachen Boden hervor. Der Schollenboden kann dem Druck der mächtigen, von den Rändern der Käwir herabziehenden Schuttmassen, welche die Salztonplatten aufgestaut haben, seine Entstehung verdanken [*155*, S. 59]. Neben seitlichen Druckvorgängen mögen die dem Sumpfboden unterirdisch angeführten Käwir-Stoffe, welche die waagerechte Lage einnehmen wollen, auch einen von unten nach oben gerichteten Druck ausüben [*61*, S. 25]. O. v. Niedermayer führt dazu folgendes aus: „Der auffallende Mangel großer Wasserabzugsrinnen zwingt zur Annahme, daß durch unterirdisch abfließende Wasser der Boden bis in große Tiefen ausgelaugt und in unzähligen kleinen Kanälen feines Material den Sumpfbecken zugeführt wird, das seinerseits wieder den seitlichen Druck vermehrt und auf die zähflüssige Käwirmasse einen weiteren von unten nach oben gerichteten Druck ausübt" [*155*, S. 59]. Die Entstehung des Polygonalbodens führt O. v. Niedermayer auf einen Tangentialdruck zurück [*115*, S. 58].

Zusammensetzung des Käwirbodens. Die Zusammensetzung des Sumpfbodens aus klastischem (Trümmergestein) und chemischem Material ist je nach der Höhenlage eine verschiedene. Seine braunschwarze bis gelbbraune Farbe rührt von verschiedenem Gehalt an zersetzter organischer Substanz und mineralischen Bestandteilen her [*115*, S. 45]. Nach den Angaben A. Gabriels enthalten die dunkleren Salzlehme der Großen Käwir wasseranziehende Magnesiumsalze ($MgCl_2$), wogegen diese den hellen Lehmböden fehlen [*61*, S. 25]. Aus einer der tiefsten Stellen der Käwir (Polygonalboden) führt S. Hedin folgende Zusammensetzung an: „Zu oberst eine 10 cm dicke Schicht nassen Tonschlamms, dann eine 7 cm dicke Salzkruste, darunter eine 15 cm dicke gelbliche Tonschicht, in 1 m Tiefe stark wässeriger Boden" [*115*, S. 45, 46].

Ein graugelber Ton der Käwir enthielt folgende Bestandteile: Sand[1] 50%, kohlens. Kalk 16,7%, Eisenoxyd 6,1%, Kochsalz 5,3%, schwefelsaures Natron 2,5% und Tonerde 2,1%. Die Salze bestehen hauptsächlich aus $NaCl$, daneben sind auch $CaSO_4$, $CaCl_2$ und sogar ein wenig KCl zu bemerken. Nach der Mitte der Senken zu ist stets eine An-

---

[1] O. v. Niedermeyer kann sich die Herkunft dieses hohen Sandgehalts im Käwirboden nicht recht erklären.

reicherung der Salze und eine Abnahme der Korngrößen zu beobachten [61, S. 23, 24]. Der Gips kommt, da er schwer löslich ist, bereits in den hoch gelegenen Randgebieten der Salzsümpfe zur Ausscheidung [115, S. 47]. Das Salz des Schollenbodens löst sich im Gegensatz zu der Salzkruste des Polygonalbodens im Wasser auf, wobei der ganze Boden seine plastische und gefährliche Form annimmt.

Die heutige Verbreitung des Lößes ist in den Senken auffallend gering; an ihrer ehemaligen Ausfüllung mit Löß ist jedoch nicht zu zweifeln [155, S. 45].

2. Die Entstehung der Iranischen Binnenbecken.

Die Ausbildung der Iranischen Senken hing, wie wir gesehen haben, unmittelbar mit der Gebirgsbildung zusammen. Die Hebung des Hochlandes, die Aufwölbung der Randgebirge und die Entstehung und Isolierung der einzelnen Binnenbecken werden von allen Forschern einstimmig ins Tertiär (Miocän) verlegt. Jedoch gehen ihre Meinungen über die klimatischen Verhältnisse der Nachzeit (Diluvium und Alluvium) und über den Zustand der Binnensenken während dieser Zeit auseinander. Eine kurze Zusammenstellung der hierüber bestehenden Auffassungen, die wir aus dem bekannten Werk S. Hedins [77] sowie aus den Arbeiten der Forscher selbst entnehmen, wird uns am besten in diese Fragen einführen.

A. F. Stahl [77, S. 401—403; 155, S. 25, 26]. Die völlige Austrocknung der Binnenseen fand nach ihm bereits in der Miocänzeit statt (S. 24), wobei die heutigen Wüstengebiete sich als Sandwüsten oder Lößsteppen ausbildeten. Er schreibt der Eiszeit einen wesentlichen Anteil an der Ausfüllung der Senken zu. Erst in der jüngeren Diluvialzeit wurden die Wüsten und Salzsümpfe in ihrer heutigen Gestalt ausgebildet. Stahl behauptet, daß das Klima Irans seit der Diluvialzeit sich kaum geändert haben könne. Die Abtragung der Gebirge nimmt durch Wasser und Wind unaufhaltsam ihren Fortgang. Für die Käwirböden nimmt A. F. Stahl also subaerischen (an freier Luft) wie fluvialen Ursprung an. Seine Meinung über das Schicksal der Salzsümpfe des Iranischen Hochlandes drückt er wie folgt aus: „Die große Sonnenhitze und Trockenheit der Luft läßt das Wasser der Salzsümpfe immer mehr verdunsten, so daß sie schließlich wie einst der miocäne Meeresboden vollkommen zur Sandwüste oder Lößsteppe werden müssen, und das um so schneller, je mehr das von den Gebirgen fließende Wasser zu kulturellen Zwecken Verwendung finden wird".

Blanford [11; 75, S. 200, 232; 77, S. 385—386]. Die Anschauung dieses Forschers deckt sich mit der A. F. Stahls; es ist aber zu bemerken, daß Stahl die erstmalige Austrocknung der Binnenseen ins spätere Miocän verlegt, während Blanford vermutet, daß diese erst in frühhistorischer Zeit (vor 2000 Jahren) durch eine plötzlich einsetzende Klimaverschlechterung eingetreten sei, als deren Folgen er dann den Rückgang der alten hohen Kultur Irans annimmt. Auch die Entwaldung des Landes soll dazu viel beigetragen haben. Den Käwirboden betrachtet dieser Autor als wirkliche Sedimente.

E. Tietze [169, S. 347ff.; 75, S. 201; 77, S. 390—394]. Die Binnenbecken waren auch nach ihm bereits zur Miocänzeit trocken gelegt. Er schreibt den Ablagerungen der Senken äolischen Ursprung zu; Wasser nahm also an der Ausfüllung der Binnenbecken keinen wesentlichen Anteil. Er behauptet, daß die Salzablagerungen, welche ihren Ursprung in den miocänen Salzformationen haben, aus dem Wasser abgesetzt sein müssen. Da jedoch in den Randgebieten der Salzsümpfe Flüsse selten sind, führt er die Feuchtigkeit der Käwire auf Sickerwasser zurück. Die Salzablagerungen sind also auf die Verdunstung des stark salzhaltigen Grundwassers an der Oberfläche der Käwire zurückzuführen. Er ficht somit die Theorie Blanfords an, daß der Käwirboden als wirkliche Sedimente zu betrachten ist.

E. Huntington [83; 75, S. 200; 77, S. 395—396] untersuchte eingehend das Sistanbecken, welches nach ihm infolge seiner gut ausgebildeten geologischen Profile den Schlüssel zur Erforschung anderer Becken Irans bilden soll. Huntington führt u. a. aus, daß nach der Hebung des Iranischen Hochlandes die Flußläufe unter dem herrschenden ariden Klima nicht die Faltung besiegen konnten, und folglich eingeschlossene Becken entstanden. Nach Austrocknung der Becken nimmt er jedoch das einfache Fortdauern des ariden Klimas nicht an, sondern schließt aus dem mehrfachen Wechsel von roten und grünen Sand- und Tonschichten auf eine 14—15fache Wiederholung des feuchten Klimas seit der Eiszeit bis jetzt.

Diese Fluvialepochen wurden von Trockenzeiten unterbrochen, von denen die letzte gegenwärtig noch andauern soll. Er ist wie Blanford der Ansicht, daß in Iran in geschicht-

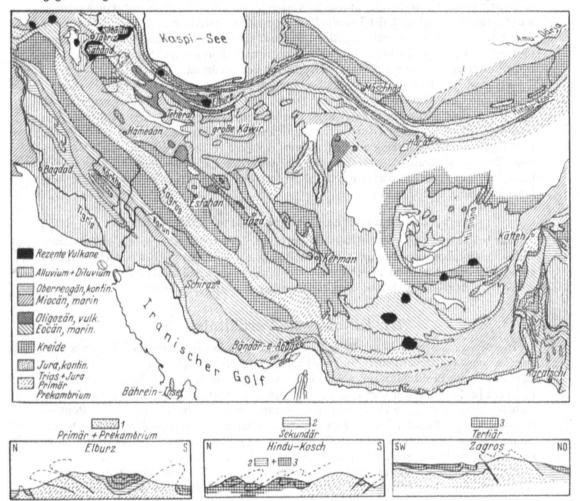

Abb. 18. Geologische Übersichtskarte des Iranischen Hochlandes.   Nach R. Furon.

licher Zeit eine Verschlechterung des Klimas eingetreten sei, was einen Rückgang der Bevölkerungszahl unter Zurücklassung von großen Ruinenfeldern, welchen man heute überall im Lande begegnet, zur Folge hatte.

O. v. Niedermayer [114; 115; 77, S. 396—400] schließt sich der allgemein anerkannten Auffassung über die Entstehung der Senken an (s. A. F. Stahl). Über die Rolle der Eiszeit in Iran führt er folgendes aus: „Die verschiedenen Terrassen dürften ihre Entstehung einer Reihe von Klimaschwankungen zu verdanken haben, die den Schwankungen unserer Eiszeit entsprechen und von einigen Forschern als Pluvial- und Interpluvial-Perioden bezeichnet werden". Er sagt dann, daß mit mehr Berechtigung als die Theorie Huntingtons die Theorie Blankenhorns [*12*] auch für Iran anwendbar sein dürfte, der eine unsere

2*

Günz- und Mindeleiszeit umfassende Pluvial-Periode annimmt, in der der Höhepunkt der Entwicklung im Schotterabsatz erreicht wird, während die der Riß- und Würmeiszeit entsprechende Pluvial-Periode sich verhältnismäßig nur wenig bemerkbar gemacht hat". Die Ausbildung der heutigen Salzsümpfe schreibt er der jüngeren Pluvialzeit zu.

S. Hedin [77, S. 512—532]. Eine gute Zusammenstellung der Sven-Hedinschen Beobachtungen gibt B. Asklund in dem großen Werk: „Eine Routenaufnahme durch Ost-Persien". Auf Grund der Beobachtungen und des Beweismaterials von S. Hedin behauptet er, daß die heutigen iranischen Wüsten sicher einst von großen Seen bedeckt waren, deren erste Austrocknung in die Miocänzeit zu verlegen ist. Darauf haben mehrere Austrocknungsperioden in und nach der Eiszeit (Pluvialperioden) stattgefunden. Die Ablagerungen in den Binnenbecken stammen aus diluvialen und alluvialen Binnenmeeren. Die Binnenseen müßten infolge der verhältnismäßig ungestörten Formen der Strandterrassen viel früher ausgetrocknet sein als es O. v. Niedermayer annimmt.

Wenn wir uns hier mit den Iranischen Binnensenken besonders ausführlich befaßten, so geschah es aus dem Grunde, weil ihre Beschaffenheit und Oberflächenformen offenbar mit den Abflußverhältnissen der Senken eng in Verbindung stehen, wie es in den Auffassungen bekannter Forscher und ihrer vorstehenden Wiedergabe zum Ausdruck kommt. Die eingehende Untersuchung und Erforschung der Käwire, die in sich noch viele Geheimnisse bergen, wird uns daher auch über die unterirdischen Abflußverhältnisse in den iranischen Binnensenken wichtige Aufschlüsse erteilen können (vgl. hierzu noch die Ausführungen im 4. Teil II B 1 b).

C. Die geologische Übersichtskarte (Abb. 19).

Die beigefügte geologische Übersichtskarte ist bisher die einzige, die das gesamte Iranische Hochland umfaßt und uns einen Einblick in die geologischen Schichten dieses großen Gebietes ermöglicht. Weiter sei darauf hingewiesen, daß bisher nur örtliche geologische Karten größeren Maßstabs von Iran vorliegen (s. das Schrifttum).

III. Klimatische Verhältnisse.

Die wissenschaftliche Behandlung der klimatischen Verhältnisse eines Gebietes zum Zwecke wasserwirtschaftlicher Untersuchungen erfordert langjährige und zuverlässige meteorologische Beobachtungen, welche leider von unserem Gebiet bis heute noch fehlen. P. Artzt [2] hat in seinen wirtschaftsgeographischen Untersuchungen über Iran alle verfügbaren meteorologischen Daten zusammengetragen und manches auf Grund der Routenbeobachtungen bekannter Forscher zu ergänzen versucht. Diese Angaben, welche durch die inzwischen gemachten iranischen Beobachtungen [180] noch weitere Ergänzungen und Berichtigungen finden können[1], nützen uns jedoch nicht viel.

Im Nachfolgenden soll nur versucht werden, uns eine allgemeine klimatische Vorstellung unter besonderer Behandlung der für unsere Untersuchungen wichtigen Faktoren zu verschaffen.

A. Lufttemperatur.

Das Hochland von Iran gehört bei einer mittleren geographischen Breite von 32° zu den nördlichen subtropischen Gebieten.

1. Die Gestade des Kaspischen Meeres.

Diese zeigen im Sommer ein feuchtes ungesundes und im Winter ein mildes Klima. Die mittlere Sommertemperatur schwankt zwischen 32—35° [*89*, S. 123] und die mittlere

---

[1] Seit einigen Jahren gibt es in Iran einen meteorologischen Dienst, dessen Ergebnisse vom Generaldepartement für Landwirtschaft veröffentlicht werden. Die Zahl der Meßwarten beträgt gegenwärtig 35, sie soll nach einem Bericht der Zeitung Ettelaat demnächst auf 75 erweitert werden.

Wintertemperatur zwischen 5—11°. Im Winter fällt die Temperatur gewöhnlich nie unter 0°. Infolge der starken Luftfeuchtigkeit und der schützenden Pflanzendecke sind hier die Temperaturunterschiede zwischen Tag und Nacht nicht sehr groß. Nach Osten zu findet ein allmählicher Übergang in das Klima Zentralasiens statt [*115*, S. 27].

2. Die Gestade des Iranischen Golfes und des Golfes von Oman

zeichnen sich durch ihr heißes und feuchtes Klima aus. Der Hafen Buschehr, welcher gegenüber seinen westlichen und östlichen Gebieten eine geographisch günstigere Lage einnimmt, zeigt bereits ein absolutes Maximum von 44,7° und ein absolutes Minimum von 0° bei einer maximalen jährlichen Mitteltemperatur von 31,5° und einer minimalen von 14,0°. Die relative Luftfeuchtigkeit ist hier sehr groß und beträgt im Sommer 60%, im Winter 71% [*2*, S. 19]. Das Wasser des Iranischen Golfes hat im Juli und August eine Temperatur von 35° [*89*, S. 123][1]. Nach Osten zu steigen die Temperaturen noch weiter an [*89*, S. 123].

Zu den Küsten des Iranischen Golfes kann man noch klimatisch den südlichen Teil der Provinz Khusestan hinzurechnen, wo wir im großen und ganzen dieselben klimatischen Verhältnisse mit nach Norden zu abnehmender Luftfeuchtigkeit antreffen.

3. Hochgebirgs- und Gebirgslandschaften.

Infolge einer mangelnden Pflanzendecke einerseits und einer starken nächtlichen Ausstrahlung bei fast wolkenlosem Himmel andererseits sind die Temperaturunterschiede des Hochlandes zwischen Tag und Nacht sehr groß. Die Unterschiede zwischen Sommer- und Wintertemperaturen nehmen ebenfalls oft große Ausmaße an. Diese Erscheinung prägt sich in den zentralen Teilen und auch in allen einigermaßen geschützten Gebirgstälern besonders aus. Die Gebirgsgegenden, wie die Elburs-Landschaften, Azärbaidjan, Kordestan, Lorestan, der nördliche Teil der Provinz Fars, ein großer Teil des zentralen Afghanistan zeigen im allgemeinen übereinstimmende klimatische Verhältnisse, die gekennzeichnet sind durch heiße Sommer (Maximum etwa 35°) mit kühlen Nächten und strenge kalte Winter (Minimum bis zu —25° und mehr). Landschaften, welche durch umliegende Gebirge geschützt sind, wie z. B. Täbriz, Esfehan in Iran und Kabul und Herat in Afghanistan zeigen ein mildes, wenig Schwankungen unterworfenes Klima [*115*, S. 28].

Die Hochgebirgslandschaften weisen entsprechend ihrer größeren Seehöhe im Sommer ein milderes und im Winter ein strengeres Klima auf.

4. Zentrale Binnensenken.

Die zentralen Hügel-, Steppen- und Wüstenlandschaften zeigen ein Sommermaximum von 50° und ein Winterminimum von etwa —15°. Hier wird das Klima im allgemeinen nach dem Süden und dem Innern der Senken zu immer trockener und gegensätzlicher. Die Käwire und Dünenlandschaften stellen eigene Klimaprovinzen dar, welche das Klima ihrer Umgebung stark beeinflussen [*61*, S. 183]. Die am Rande dieser Wüsten gelegenen Städte gehören oft zu den heißesten Gebieten des Hochlandes. Im Winter weisen die Käwire mäßigere Temperaturen als ihre Randgebiete auf.

Gebiete, die in der Nähe der zentralen Landschaften liegen und von benachbarten größeren Höhenzügen geschützt sind, wie Teheran, Mäschhäd und Kerman weisen heiße trockene Sommer und mäßig kalte Winter auf (Sommer-Maximum etwa 40°, Winter-Minimum etwa —12 bis —15°) [*115*, S. 29].

Die Übergänge zwischen Sommer und Winter sind in verschiedenen Gebieten von verschiedener Dauer (s. unten). Die herrschenden Winde des Hochlandes können auf alle genannten Klimagebiete großen Einfluß ausüben.

---

[1] Siehe ferner Dtsch. Allg. Ztg. 1941, Nr. 242: Der Persische Meerbusen.

B. Luftdruck und Luftzirkulation.

Da die meteorologischen Beobachtungen des Iranischen Hochlandes sehr spärlich und mangelhaft sind, liefern die teilweise besser untersuchten Nachbargebiete wesentliche Ergänzungen, wie es auch bereits in der Arbeit von O. v. Niedermayer und von G. Bauer geschehen ist. Die folgenden Ausführungen werden größtenteils zusammenfassend der ausführlichen Arbeit von G. Bauer entnommen [6].

I. Winter (Dezember, Januar, Februar).

a) Luftdruck. Im Winter zieht sich von Ost-Turkistan aus über die aralo-kaspische Niederung, die Gegend nördlich des Schwarzen Meeres und schließlich über die Karpaten und die Pyrenäenhalb-

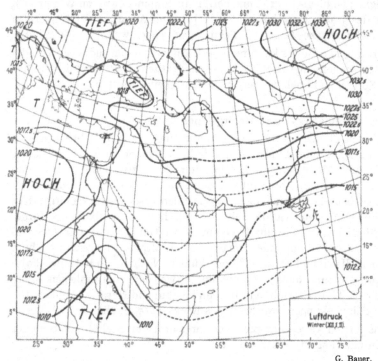

insel eine Zone relativ hohen Luftdrucks bis zum Azoren-Hoch und wird von Woeikof [*189*] als „die große Achse des Kontinents" bezeichnet (Abb. 19).

Sie stellt eine Windscheide größten Ausmaßes dar, nördlich von ihr herrschen nämlich die südwestlichen und südlich davon die nordöstlichen und östlichen Winde vor [*115*, S. 29].

Abb. 19 stellt die winterliche Luftdruckverteilung im Gebiete Vorderasiens dar. Über dem Iranischen Hochland liegt im Winter eine Zone hohen Luftdrucks, die gegenüber

G. Bauer.
Abb. 19. Winterliche Luftdruckverhältnisse im Bereiche Vorderasiens (Dez. + Jan. + Febr.).

den übrigen Ausläufern der zentralasiatischen Antizyklone jedoch in wenig ausgeprägter Form in Erscheinung tritt. Über den größeren Wasserflächen, wie dem Mittelmeer, dem Schwarzen Meer, dem Kaspischen Meer, dem Iranischen Golf und dem Golf von Oman sowie über dem offenen Indischen Ozean herrscht tiefer Luftdruck [*6*, S. 404].

b) Luftzirkulation (Wintermonsun). Als kennzeichnende Merkmale der winterlichen Luftzirkulation fällt im allgemeinen die Tendenz vom Land zum Wasser auf (Abb. 20).

Von den erkalteten Steppen und Hochgebirgen Ostasiens strömen gewaltige Kaltluftmassen nach dem Westen, von denen der mächtigste Strom das West-Turkistan und die Kirkisen-Steppe überflutet. Einer der kräftigsten Zweige dieses Hauptstromes nimmt seinen Weg über den Aralsee in Richtung auf das Kaspische Meer. Die südlichen und südwestlichen Randgebirge verursachen infolge ihrer größeren Höhen einen Aufstau der Luftmassen, welche dann nur durch die Gebirgssenke von Mändjil nach dem Innern des Hochlandes durchbrechen können [*6*, S. 405]. In Abb. 20 ist dieselbe Erscheinung auch bei Schahrud und Herat zu erkennen. Aus dem Verlauf der Strömungslinien können wir noch ersehen, daß die Hochflächen und Bergländer mehr oder weniger starke Quellgebiete kontinentaler Luftmassen darstellen. Von den 4000—5000 m hohen Patagh-Bergen (Zagros) in Südwest-Iran findet z. B. kontinentale Luftzufuhr nach der Küste des Iranischen Golfes und der Mekranküste (Belutschistan) statt [6, S. 407].

Im Winter steht die Richtung der Luftzirkulation mehr oder weniger zu den Hauptgebirgsrichtungen senkrecht, wodurch dann ihre Stärke bedeutend abgeschwächt wird. Die Geschwindigkeit des Wintermonsuns schwankt über Land zwischen 1—3 m/s [6, S. 384, 482].

2. Frühling (März, April, Mai).

Luftdruck und Luftzirkulation. Die drei Frühlingsmonate bilden den Übergang vom Winter- zum Sommermonsun, wozu die Luftdruckverteilung und die Luftzirkulation die entsprechende allmähliche Umwandlung erfahren. Dieser Übergang vollzieht sich nicht überall gleichzeitig und gleichmäßig. Die Gebirgslandschaften Nordwest-Irans und Afghanistans haben z. B. einen längeren Frühling als die zentralen und südlichen Teile des Landes. Während der Übergangszeit ist besonders zu bemerken, daß das nordasiatische Hochdruckgebiet sich zwar weiter nach Westen verlagert hat, aber noch nicht ganz verschwunden ist. Im Mai erscheint ferner im

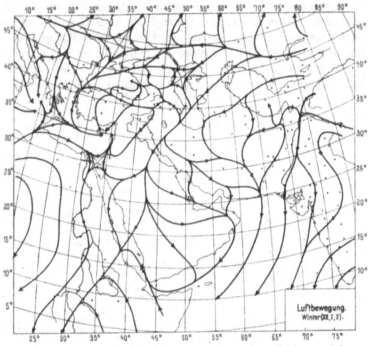

Abb. 20. Winterliche Luftzirkulation über Vorderasien (Dez. + Jan. + Febr.)   G. Bauer.

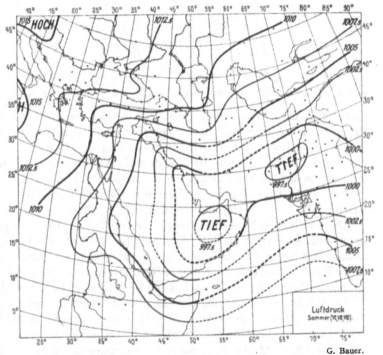

G. Bauer.
Abb. 21. Sommerliche Luftdruckverhältnisse im Bereiche Vorderasiens (Juni + Juli + Aug.)

westlichen Mittelmeer ein Ausläufer des Azoren-Maximums, so daß das Druckgefälle nicht mehr vom Land gegen das Mittelmeer, sondern von dessen westlichem Becken gegen das östliche gerichtet ist.

3. Sommer (Juni, Juli, August).

a) Luftdruck. Die südasiatische Sommerzyklone beherrscht im Sommer ganz Vorderasien, das größtenteils nördlich von ihr zu liegen kommt. Im Norden der Zyklone steht das nach Norden verlagerte Azoren-Hoch in Zusammenhang mit dem Hochdruckkeil Mittelmeer und Alpengebiet, aus welchem die ganz Europa und große Teile Asiens überflutenden ozeanischen Luftmassen des europäischen Sommermonsuns stammen, während im Süden davon das relativ hohe Hochdruckgebiet des Indischen Ozeans sich befindet, welches ozeanische Luftmassen nach Nordosten drückt (Abb. 21).

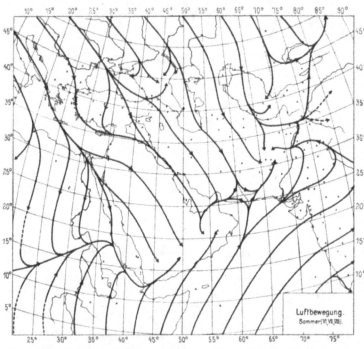

Abb. 22. Sommerliche Luftzirkulation über Vorderasien (Juni + Juli + Aug.).   G. Bauer.

b) Luftzirkulation. Die im Sommer nach Vorderasien strömenden Luftmassen stammen also aus zwei verschiedenen Gebieten und sind ozeanischen Ursprungs.

Infolge der südlichen Lage der Depressionen findet die Luftzufuhr im Sommer zum größten Teil aus Nordwesten statt. Die herrschende Windrichtung schwankt zwischen West und Nord. Im Gegensatz zum Winter beobachten wir im Sommer die Tendenz der Luftbewegung vom Wasser auf das Land. Da die Streichrichtung der Gebirgszüge Irans

(NW—SO) im allgemeinen mit der herrschenden sommerlichen Windrichtung (NW) zusammenfällt, hemmen jene die transportierenden Luftmassen in viel geringerem Maße als im Winter, daher müssen auch die Windgeschwindigkeiten im Sommer weit größere Werte annehmen. Ferner ist zu bemerken, daß die Windgeschwindigkeiten um so schneller abnehmen, je mehr wir uns von der südasiatischen Sommerzyklone in nördlicher Richtung entfernen. An den südrussischen Stationen beobachten wir daher Windgeschwindigkeiten, welche unter die winterlichen herabsinken [6, S. 483].

Die aus NW wehenden Sommerwinde, welche im Juli ihre größte Stärke erreichen, nennt man am Iranischen Golf „Schemal" (= Norden). Im Juni und häufig im Juli weht er bisweilen mit größter Gleichmäßigkeit und erheblicher Stärke (mehr als 10 m/s); dieser in der Regel sechs Wochen anhaltende Nordwest wird der große Schemal genannt [6, S. 507]. Im August läßt seine Stärke nach, seine Beständigkeit behält er aber immer noch bei.

Die stärkste Luftbewegung über Land treffen wir auf dem Iranischen Hochland in der Gegend des Zabolestanbeckens [6, S. 508]. Diese sommerliche Luftbewegung ist hier unter dem Namen „Bad-e-Sädo-bist-Ruseh", d. h. „Wind der 120 Tage" [74, S. 321; 61, S. 144; 115, S. 33] bekannt. Die vom Norden kommenden gegen die nordiranischen Randgebirge gerichteten Luftmassen werden in dem tief eingeschnittenen Durchbruchstal des Härirud-Flusses zusammengedrängt und finden hier sowie beim Morghab-Fluß zwei mächtige Einfallspforten gegen Innerasien (Abb. 22). Dieser kräftige Wind setzt zwischen Ende Mai und Mitte Juni ein und herrscht ununterbrochen bis Ende September. Für seine Stärke sind als monatliche Mittel 10 m/s (36 km/h), als Höchstwerte der Geschwindigkeit, die verhältnismäßig häufig erreicht werden 20—25 m/s (72—90 km/h) und schließlich als absolutes Maximum 30—35 m/s (108—126 km/h, also Windstärke 12!) bekannt[1]. An Stärke und Beständigkeit übertrifft der Wind der 120 Tage weit den Schemal Mesopotamiens oder des Iranischen Golfes. Während seiner Herrschaft ist die Luft ständig mit Staub erfüllt.

Die Nordwestwinde nehmen auch in den übrigen Gebieten des Hochlandes oft beträchtliche Stärken an, was wir aus den gewaltigen Dünenbildungen Irans klar erkennen können.

Neben diesen vorherrschenden Winden sind auch andere bekannt, welche jedoch von untergeordneter Bedeutung sind.

Die Heimat der Nordwestströmung ist, wie wir gesehen haben, der Atlantische Ozean; sie stellt also eine monsunartige, vom Meer zum Land gerichtete Luftbewegung dar, die jedoch beim Überqueren der heißen Wüstenlandschaften Syriens und Mesopotamiens ihre ozeanischen Eigenschaften verliert und daher im Gebiete Vorderasiens als vollkommen kontinental erscheint [6, S. 354, 385]. Der Nordwestmonsun hat auf Vorderasien den weit größten Einfluß, während der Südwestmonsun nur die Küsten Südasiens und deren unmittelbares Hinterland in seinen Herrschaftsbereich einbezieht.

4. Herbst (September, Oktober, November).

Der Herbst bildet einen allmählichen Übergang vom Sommer- zum Wintermonsum, welcher jedoch nicht überall gleichzeitig und gleichmäßig vor sich geht. Während dieser Zeit findet also die Umgestaltung der sommerlichen Druckverteilung und Strömungsrichtung zu der winterlichen statt.

C. Niederschläge.

1. Winter.

Die aus der innerasiatischen Antizyklone nach Westen ausströmenden Kaltluftmassen sind, soweit sie keine Wasserflächen überqueren, sehr trocken und können daher für Vorderasien keine Niederschläge mit sich bringen. Jedoch fällt überall auf dem Iranischen Hochland ein erheblicher Teil der Jahresniederschläge im Winter. Diese Tatsache steht zu der obigen Behauptung also in Widerspruch. Die Herkunft der winterlichen Niederschläge Vorderasien soll daher hier kurz erläutert werden.

Weickmann hat in einer Karte die für Kleinasien wichtigen Depressionsbahnen veröffentlicht, die eine Ergänzung des van Bebberschen Zugstraßensystems darstellen und denen die winterlichen Niederschläge Kleinasiens ihren Ursprung verdanken (Abb. 23) [6, S. 414; 114, S. 14].

Bei der Ähnlichkeit der Natur der Winterniederschläge Irans mit jenen an der Mittelmeerküste taucht sofort die Frage auf, ob nicht diese Druckstörungen — vielleicht nur die kräftigsten — auch noch den Iranischen Golf und das Hochland von Iran überqueren und in Nordindien eindringen, wo ebenfalls beachtliche Winterregen fallen [6, S. 419]. Dies ist auch in der Tat der Fall. Von allen in Abb. 33 darge-

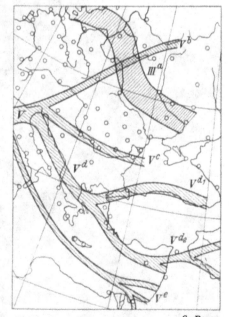

G. Bauer.

Abb. 23. Hauptzugstraßen der Luftdruckminima im östlichen Mittelmeer.

---

[1] Nach der Beaufort-Skala [71, S. 79] werden Windgeschwindigkeiten, die bereits größer als 29 m/s sind, als Windstärke 12 bezeichnet.

Dr. Kronecker.

Abb. 24. Tiefverschneite Landschaft im Elburz in etwa
2500 m Seehöhe.

Dr. Kronecker.

Abb. 25. Ein rechter Nebenfluß des Djadjerud, eines der wenigen
ausdauernden Binnenhochlandflusse.

stellten Depressionsbahnen sollen die beiden V^e und $V^{d\,2}$ nur teilweise versuchen, nach dem Iranischen Hochland und dem Iranischen Golf vorzudringen. Dazu kommen noch andere Druckstörungen, deren Ursprung noch nicht genau bekannt ist. In der Zeit vom Oktober bis April gelangen 30 bis 33 Druckstörungen nach Mesopotamien oder dem Iranischen Golf; über das Hochland von Iran dringen schätzungsweise 20 bis 25 Minima nach Indien vor. Diese Depressionen sind es also, die für den Hauptteil Vorderasiens die meisten Regen des ganzen Jahres bringen. Wie aus dem Regenhöhenschnitt V (Abb. 28) klar hervorgeht, nehmen die Niederschläge vom Westen nach Osten und Süden im allgemeinen allmählich ab. Die Winterregen der südwestlichen oder südlichen Kaspiküste rühren von der kontinentalen NO-Strömung der ostasiatischen Antizyklone her (Abb. 28), welche ihren hohen Wasserdampfgehalt aber erst beim Überqueren des Kaspischen Meeres aufnimmt, wo sie noch gleichzeitig eine Temperaturerhöhung erfährt [6, S. 412]. Diese relativ warmen und wasserdampfreichen Luftmassen erzeugen an den Nordhängen der nordiranischen Randgebirge und an dem südwestlichen und südlichen Teil des Kaspischen Meeres die teilweise erheblichen Winterniederschläge.

Vorkommen von Schnee. Bei der beträchtlichen Meereshöhe großer Gebiete Irans fallen erhebliche Mengen des Winterniederschlages in Form von Schnee. Als besonders schneereich gelten der Nordwesten, Nordosten, Westen und der Osten; auch auf den südwestlichen und südlichen Randgebirgen fällt verhältnismäßig viel Schnee. An der Kaspiküste schneit es nur selten und im Zabolestan-Becken fast nie. In anderen iranischen Senken bleibt der Schnee nicht länger als zwei bis drei Tage liegen [6, S. 437]. Außer der Randgebirgszone bildet sich ferner auf den Höhen der Zentralgebirge mit

Kammhöhen über 2000 m eine geschlossene Schneedecke. Im Gebirge bleibt der Schnee gewöhnlich vom Dezember bis Mai oder Anfang Juni liegen [65].

Trotz der größeren Meereshöhen des Iranischen Hochlandes gibt es jedoch verhältnismäßig wenig Regionen ewigen Schnees. Infolgedessen fehlt hier auch die ausgleichende Wirkung der langfristigen Gletscherstandsschwankungen.

Dr. Kronecker.

Abb. 26. Der Gäduk-Paß (Elburz), im Winter oft unpassierbar, auf dem Bild ist die Schneedecke etwa 1,5 m hoch.

Die Abb. 24—26 zeigen tief verschneite Gebirgslandschaften im Elburs nördlich von Teheran, aus Abb. 26 ist besonders die Mächtigkeit des Schneefalles (etwa 1,50 m) zu erkennen.

2. Frühling.

An der Süd- und Südwestküste des Kaspischen Meeres bleibt die Regenhöhe im Winter und Frühling fast die gleiche (Abb. 27, Schnitt I); in Pähläwi beträgt sie im Winter rd. 17% und im Frühling rd. 13% des Gesamtjahresniederschlages (Tab. 1).

Das Randgebirgsland von Iran erhält im Frühling ebenfalls beträchtliche Niederschläge. Die zentralen Senken und Bergländer neigen im allgemeinen zu Winterniederschlägen, während in den Randgebirgszonen Frühjahrsregen überwiegen. Im Schnitt V (Abb. 28) bleiben die Frühjahrsniederschläge hinter den winterlichen zurück. Zu der Verteilung der Frühjahrsniederschläge auf die einzelnen Monate dieser Übergangszeit sei bemerkt, daß die Niederschläge sich um so gleichmäßiger auf die Monate April und Mai verteilen, je weiter wir nach Nordwesten, Westen oder Nordosten kommen (Tab. 2).

Im Monat Mai regnet es weniger als im April und noch bedeutend weniger als im März; im Süden und in den zentralen Binnensenken nehmen diese Unterschiede noch krassere Formen an (Tab. 2). Die Dauer des Frühlings ist demnach im Süden und in den Iranischen Senken bedeutend kürzer als im Nordwesten und Nordosten. Die Frühjahrsniederschläge, welche oft als warme Regen niedergehen, pflegen das Abschmelzen der Schneedecke zu beschleunigen. Die Frühjahrshochwässer sind im allgemeinen von März bis Mai zu erwarten, wobei sie auch oft durch warme, bereits im Februar oder sogar im Januar einsetzende Regen auftreten können (s. noch 4. Teil II A2).

Tabelle 1.

Anteil der Jahreszeiten am Gesamtjahresniederschlag ausgedrückt in
Hundertteilen.

Regen-höhen-schnitt	Meßwarten	Seehöhe m über NN.	Regenhöhe im Jahr mm	W. Dezember bis Februar %	F. März bis Mai %	S. Juni bis August %	H. September bisNovember %
I	Baku	—21	180	26	28	7	39
	Lenkoran . . .	—20	1124	22	16	9	53
	Pähläwi. . . .	—21	1050	17	13	12	58
	Aschuradeh . .	—10	452	30	21	13	36
	Eschghabad . .	226	236	32	46	7	15
	Säräkhs. . . .	300	144	38	51	1	9
II	Erivan	1042	448	22	40	16	22
	(Täbriz). . . .	1348	438	55	34	0	11
	Teheran. . . .	1220	246	46	39	2	13
	Mäschhäd . . .	940	248	29	56	5	10
	Kuschk	690	282	44	45	0,3	10
	Kabul	1760	314	20	67	3	10
III	Esfehan. . . .	1770	115	40	42	2	16
	Kerman. . . .	1650	105	50	36	3	11
	Robat	1340	96	63	29	0	8
	Zabol	500	55	60	28	1	11
IV	(Rezaijeh) . . .	1391	547	27	55	4	14
	Kermanschah .	1500	489	45	39	0	16
	(Schiraz) . . .	1580	380	42	34	7	17
	Panjgur. . . .	?	125	46	23	27	3
	Kälat.	2040	151	50	26	17	7
	Kätteh	1680	220	48	37	9	6
	Paraschinar . .	?	759	22	35	31	12
V	Mossul	265	424	45	38	0,4	17
	Baghdad . . .	38	165	49	35	0	16
	Abadan. . . .	?	221	60	25	0	15
	Buschehr . . .	5	248	67	15	0	18
	Djask.	4	124	61	20	2	18
	Pasni.	.?	155	64	17	17	2
	Keratschi . . .	17	180	13	7	75	5

Bei eingeklammerten Meßwarten handelt es sich um einjährige Beobachtungen, bei den
übrigen meist um auf den Zeitabschnitt von 1895 bis 1924 reduzierte Werte [6].

Tabelle 2.

Meßwarten	Regenhöhe März bis Mai mm	März %	April %	Mai %
Rezaijeh	298	35	45	20
Teheran.	97	50	34	16
Kermanschah . . .	192	44	43	13
Kabul	210	46	44	10
Schiraz	129	69	19	12
Robat	28	68	29	3
Abadan.	55	75	20	5

3. Sommer.

Sehr eindrucksvoll erscheinen die Schnitte I—V hinsichtlich der sommerlichen Niederschläge. Beim Vergleich der fünf Schnitte miteinander fallen die teilweise beachtlichen
Sommerniederschläge der südlichen Kaspiküste besonders in die Augen, die sich zwischen
7 und 13% des Gesamtjahresniederschlages bewegen. Im Schnitt II und IV weist lediglich
der Nordwesten nennenswerte sommerliche Niederschläge auf (bei Rezaijeh 4,2%, Eri-
van 12% und Kars 32%), die nach Norden und Nordwesten zu weiter ansteigen.

Wie aus dem Schnitt IV und V hervorgeht, tritt im Südosten des Hochlandes der indische Monsun nach Osten zu immer stärker in Erscheinung, bis er schließlich eine bestimmende Rolle spielt. Der Einfluß des Südwestmonsums macht sich im Schnitt V erst von Djask ab bemerkbar. Im Schnitt III und in den übrigen Gebieten des Schnittes V fehlen die sommerlichen Niederschläge gänzlich. Die geringen Sommerniederschläge der nord- und südiranischen Randgebirge, welche gelegentlich als örtliche Gewitterregen auftreten, können ihren Ursprung ebenfalls in dem Indischen Monsun haben (Tab. 1).

Die Nordwestströmung Vorderasiens ist trotz ihres ozeanischen Ursprungs im Bereiche Vorderasiens vollständig kontinental, da sie unterwegs bereits einen beträchtlichen Teil ihrer Feuchtigkeit eingebüßt und ferner an der Ostküste des Mittelmeeres ihre Temperatur von 16—17 auf 26°—28° erhöht hat. Mit dem weiteren Vordringen gegen das westliche Zentrum der südasiatischen Zyklone tritt weitere Erwärmung der Luftmassen ein [6, S. 384]. Der Südwestmonsun bringt dagegen für die Westküsten Indiens erhebliche sommerliche Niederschläge, während sein Einfluß u. a. im Bereiche des Iranischen Golfes trotz der landeinwärts wehenden Winde vollständig vermißt wird, da die Luftmassen des Indischen Monsuns hier eine Mächtigkeit von nur einigen 100 m und im Höchstfalle 1000 m erreichen. Durch das Vordringen der Nordwestwinde in Höhen von 1000 m wird dann fast jede Wolken- oder Niederschlagsbildung verhindert [6, S. 385]. Der Golf von Oman wird nur unerheblich vom Südwestmonsun betroffen. Auf dem Iranischen Hochland ist die Monsunregenzone im wesentlichen auf die ostiranischen Randgebirgslandschaften beschränkt. Die Regenmengen dieser Gebirgszone sind an den Ost- und Südhängen am größten, gegen Innerasien nehmen sie langsam ab. Im ganzen gesehen ist die Bedeutung des Indischen Monsuns für Vorderasien sehr gering, da über $^9/_{10}$ dieses Gebietes von der kontinentalen Nordwestströmung beherrscht wird [6, S. 385].

Der Sommer stellt also für das Iranische Hochland fast überall die Zeit der allgemeinen Dürre dar, welche bereits in den Frühlingsmonaten fühlbar wird und um so früher eintritt, je weiter man nach Süden kommt.

4. Herbst.

Der Herbst bildet den Übergang zwischen Sommer- und Wintermonsun. Der indische Monsun zieht sich allmählich nach Südosten zurück. Die Druckstörungen des Atlantischen Ozeans dringen langsam nach dem Iranischen Hochland vor und erzeugen während dieser Übergangszeit bis etwa 15% des Jahresniederschlages (Tab. 1).

Im Herbst weist die Südküste des Kaspischen Meeres beträchtliche Regenmengen auf; in Lenkoran entfallen z. B. fast 60% des Gesamtjahresniederschlages auf diese Jahreszeit. Bis zum Einsetzen stärkerer Niederschläge (erst im November) stellt der Herbst für das Iranische Hochland die Fortsetzung der sommerlichen Trockenperiode dar.

5. Mittlere jährliche Niederschlagsverteilung (Abb. 27).

Vor dem Erscheinen der Arbeit von G. Bauer bestand von unserem Gebiet überhaupt keine auf Grund wissenschaftlicher und sachgemäßer Untersuchungen hergestellte Regenkarte. Die dieser Arbeit beigefügten Karten sind jedoch sehr klein (Maßstab 1:45 Mill.) und umfassen das ganze Vorderasien nebst einem Teil seiner Randgebiete. Da eine jährliche mittlere Niederschlagskarte immer eine sehr gute Übersicht liefert, wurde mittels der vorhandenen Angaben, die noch durch iranische teilweise ergänzt werden konnten, versucht, eine Niederschlagskarte größeren Maßstabes herzustellen. Wo die nötigen Angaben fehlten, wurde der Verlauf der Isohyeten nach der Oberflächengestalt andeutungsweise ergänzt.

Aus dieser Karte geht hervor, daß die Gestade des Kaspischen Meeres am regenreichsten sind. In den nordiranischen Randgebirgen werden die mittleren jährlichen Niederschläge teilweise bis 2000 mm geschätzt. An zweiter Stelle sind die nordwestlichen und westlichen Gebiete mit Regenhöhen über 500 mm zu erwähnen. Die Niederschläge des Säbälan und Sähänd könnten infolge ihrer größeren Meereshöhen diese jährliche

Niederschlagsmenge weit übertreffen. Im Südwesten, teilweise auch im Süden sind ebenfalls Niederschläge bis 500 mm zu erwarten, wobei die Lorestan- und Kordestan-Gebirge
(Zärdeh-Kuh mit 4000—5000 m, Elwend 4600 m) weit höhere Niederschläge erhalten

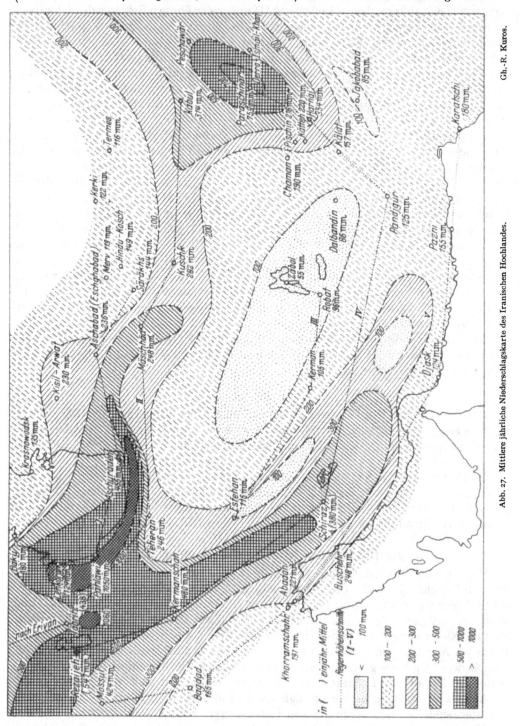

Abb. 27. Mittlere jährliche Niederschlagskarte des Iranischen Hochlandes.

Gh.-R. Kuros.

können. Infolge der Kessellage der Binnensenken ist sehr wahrscheinlich, daß die Niederschläge nach ihren Zentren zu langsam abnehmen, da die Landschaft den Depressions-

mitten zu immer flacher wird und andererseits die hier angelangten Luftmassen ihre Feuchtigkeit bereits an den umliegenden Gebirgsrändern abgegeben haben.

Sehr anschaulich sind die Regenhöhenschnitte I—V, in denen die jahreszeitlichen Niederschlagsverhältnisse diesseits, jenseits oder innerhalb der Randgebirgsketten und Senken graphisch dargestellt sind (Abb. 28). Da die Niederschläge bei allen Schnitten maßstäblich aufgetragen sind, können sie noch unter sich verglichen werden. Auf ihre weiteren Vorzüge haben wir bereits im Laufe der vorangegangenen Ausführungen hingewiesen[1].

6. Charakteristik der Niederschläge.

a) Stärke und Häufigkeit. Auf dem Iranischen Hochland zeichnen sich die Niederschläge durch ihre besondere Stärke aus, was gewöhnlich für alle Trockengebiete der Erde charakteristisch ist. Die oft von Gewittern begleiteten Hagelfälle, deren Körner meist haselnußgroß sind, verursachen an der Ernte und auch nicht selten an den Kärisen große Schäden [61, S. 50, 225]. Die Regenfälle mit fast tropischer Stärke dauern jedoch nicht

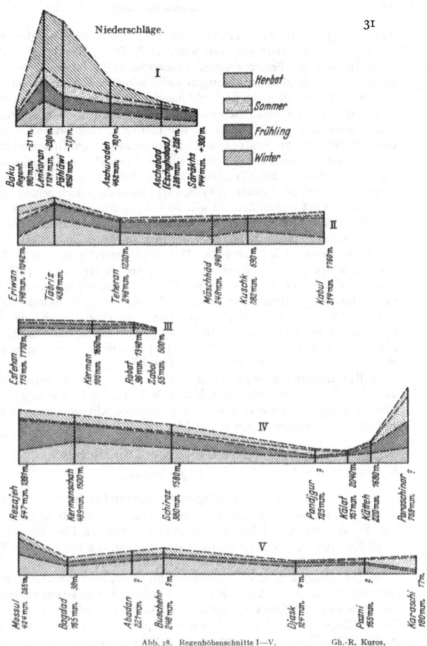

Abb. 28. Regenhöhenschnitte I—V.   Gh.-R. Kuros.

Tabelle 3.

Meßwarten	Regenhöhe mm	Regentage im Jahr
Teheran	246	25
Mäschhäd	248	22
Kabul	314	23
Esfehan	115	12
Buschehr	248	19

[1] Den Verlauf der Regenhöhenlinien zwischen zwei Stationen können wir auf Grund der mittleren Jahresniederschlagskarte genauer konstruieren. Ergänzungspunkte hierzu liefern uns die Schnittpunkte der Niederschlagsgleichen mit der gewählten Schnittrichtung. Hier wurde jedoch wegen der besseren Übersicht sowie wegen der Unsicherheit des Verlaufs der Niederschlagsgleichen davon Abstand genommen.

lange an [*74*, S. 405; *75*, S. 11; *61*, S. 50, 225]. Über die Häufigkeit der Niederschläge im Jahr seien folgende Angaben angeführt[1] (Tab. 3) [*115*].

b) Trocken- und Feuchtperioden. Trockenjahre, die auf die Ernte und folglich auf die Landwirtschaft ungünstige Wirkungen auslösen können, sind in Iran nicht selten. Mangels systematischer langjähriger Beobachtungen kann man jedoch leider über diese wasserwirtschaftlich so wichtige Erscheinung keine genauen Angaben machen. Die Dürre kann sich auch auf mehrere aufeinanderfolgende Jahre erstrecken, wie es z. B. in den Jahren 1879 und 1880 der Fall war. Andreas und Stolze versuchen, auf Grund der in der Zeit von 1860 bis 1880 aufgetretenen Hungersnöte, auch auf Grund von Analogieschlüssen aus Indien für Iran eine 10—11jährige Trockenperiode abzuleiten [*1*, S. 8], welche uns an die 11jährige Sonnenfleckenperiode erinnert [*183*, S. 187]. Dazu sei jedoch bemerkt, daß für eine Mißernte, welche in früheren Zeiten leicht zu Hungersnöten führte, neben der Verminderung der Niederschläge noch andere Ursachen wie z. B. die Heuschrecken- und Aphisplage[2], verantwortlich zu machen sind, die heute wirksam bekämpft werden.

Der Wasserstand des Kaspischen Meeres (gegenwärtig 26 m unter NN) hat im Laufe der Geschichte gewisse Schwankungen erfahren. E. Brückner [*18*] hat sie eingehend untersucht und vom Jahr 915—1880 zahlenmäßig erfaßt, woraus er dann gewisse Folgerungen für seine 35jährige Klimaperiode zieht, welche allerdings in der Arbeit von A. Wagner angefochten werden [*183*]. E. Brückner brachte diese Erscheinung nämlich mit den Schwankungen der Niederschläge des großen Einzugsgebietes dieses Binnensees in Einklang, deren Ursache W. Halbfaß [*70*] dagegen in gewissen morphologisch-geologischen Veränderungen des Meeresbodens sucht[3].

c) Klimaänderungen in geschichtlicher Zeit. Hierauf wurde bereits bei der Behandlung der Binnenbecken hingewiesen; es fehlt jedoch auch hier an sicheren Beweismitteln, um eine seit geschichtlicher Zeit einfach fortschreitende Klimaänderung einwandfrei beweisen zu können (s. hierzu noch den 4. Teil I A).

IV. Gewässerkundliches.

A. Flüsse.

1. Allgemeine Eigenschaften.

Bei Betrachtung der Landkarte fällt die Flußarmut des Iranischen Hochlandes sofort auf. Für die dort dargestellten Flüsse sind ferner folgende Eigentümlichkeiten zu nennen:

a) Ein großer Teil der Flüsse führt nur während des Winters bzw. Frühlings Wasser, im Sommer und Herbst trocknen sie dann vollständig aus.

b) Die Anzahl der ständig fließenden Flüsse ist verhältnismäßig gering. Diese entspringen alle im Hochgebirge, welche sehr selten über wasserspeichernde Gletscher oder Regionen ewigen Schnees verfügen. Da ferner während der trockenen Jahreszeit die Niederschläge fast gänzlich ausbleiben, so können wir uns einen Begriff von den zu erwartenden großen Wasserschwankungen dieser Flüsse machen.

c) Durch Auslaugung salzhaltiger Schichten des Miocän sind fast alle Flüsse Irans mehr oder weniger salzig. Je geringer die Wasserführung des Flusses ist, um so mehr nimmt der Salzgehalt des Flußwassers zu. In Zeiten geringster Wasserführung wächst dann der Salzgehalt oft so stark an, daß er zu gänzlicher Unbrauchbarkeit des Flußwassers führt [vgl. hierzu *151*, S. 60].

---

[1] Die Niederschlagsmengen der Tab. 3 werden der Tab. 1 dieser Arbeit entnommen.

[2] Aphis ist eine Art Wanze, die zu den gefährlichsten Pflanzenschädlingen Irans gehört.

[3] In diesem Zusammenhang sei auf einen Kurzbericht in den „Mitt. Geogr. Ges. Wien 1895" über die Bildung eines unterirdischen Vulkans im südlichen Teile des Kaspischen Meeres im Sommer 1894 hingewiesen. In derselben Zeitschrift, Jg. 1896, heißt es in einem weiteren Kurzbericht, daß der Boden des Kaspischen Meeres durch das Erdbeben vom 27. Juni 1896 wieder starke Veränderungen erlitten hat, wobei nach Aussage der Schiffskapitäne sich Inseln gebildet haben, wo früher keine vorhanden waren, und neue Klippen und Riffe zum Vorschein gekommen sind.

d) Auf dem Iranischen Hochland trifft man auch vollkommene Salzflüsse, wie z. B. den Käl-Schur (Abb. 29), an dessen Ufern die starken Salzausblühungen zu erkennen sind. Diese scheiden für unsere wasserwirtschaftlichen Betrachtungen von vornherein aus; Abb. 30 zeigt die Mündung eines Salzflusses in einen Salzsumpf.

Aus: Durch Persiens Wüsten.
Abb. 29. Käl-Schur; ein Vertreter der ausdauernden iranischen Salzflüsse, an seinen Ufern starke Salzausblühungen zu erkennen. Bild Anfang Oktober aufgenommen.

e) Auf den gewaltigen Schutthalden des Binnenhochlandes müssen den das Gebirge verlassenden Flüssen große Wassermengen durch Versickerung verloren gehen. In den verschotterten Flußabschnitten werden gleichfalls große Sickerverluste eintreten (Abb. 40, 62, 61).

Abb. 30. Delta eines Salzflusses in einem Salzsumpf.   Junkers Flugzeugwerke A. G.

2. Beschreibung der Hauptwasserscheide (Abb. 31).

Die außerhalb der Hauptwasserscheide des Hochlandes liegenden Gebiete werden entweder nach dem Turanischen Tiefland und Kaspischen Meer oder nach dem Iranischen Golf und dem Golf von Oman (Indischer Ozean) entwässert. Das selbständige Binnenbecken des Rezaijeh-Sees bildet ein eigenes Entwässerungsgebiet. Das innerhalb der Hauptwasserscheide liegende Hauptbinnenbecken zerfällt in einzelne Becken, deren Entwässerungsgebiete durch kleinere oder größere Höhenzüge voneinander getrennt sind. Im

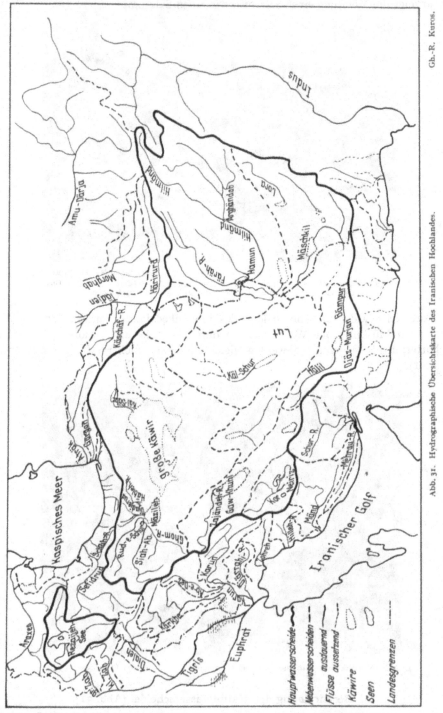

Abb. 31. Hydrographische Übersichtskarte des Iranischen Hochlandes.

Westen verläuft die Hauptwasserscheide mehr oder weniger dem Streichen der Randgebirge entsprechend, in NW—SO-Richtung. Im Süden zieht sie sich zwischen Schiraz und Ost-Belutschistan wieder der Streichrichtung der südlichen Randgebirge entlang und ist durchschnittlich 180 km vom Meer entfernt, wobei die Becken des Neiriz und Djäs-Murjan die Wasserscheide am weitesten nach außen zurückdrängen. Auf den östlichen Randketten

Junkers Flugzeugwerke A. G.

Abb. 32.   Zajändeh-Rud; ein wichtiger ausdauernder Binnenhochlandfluß, durchfließt die mitteliranische Stadt Esfehan.   Das Flußbett ist teilweise abgesackt, s. hierüber die Ausführungen im Text über Flußversinkung (Seite 83).

verläuft die Wasserscheide dem Laufe des Indus und in den nordafghanischen Gebirgen dem Streichen der nördlichen Randgebirge fast parallel. In jeder Beziehung wohl am stärksten ausgeprägt ist die Wasserscheide in den Gebirgen des Elburs-Bogens, welche durchschnittlich nur 120 km vom Kaspischen Meer entfernt verläuft [*115*, S. 39]. Das Rezaijeh-Becken ist im Norden vom Entwässerungsgebiet des Araxes, im Westen von dem des Euphrats, im Südosten von dem des Kaspisees begrenzt [*115*, S. 39].

3. Einige wichtige Flüsse des Hochlandes.

a) Karun. Er ist der größte und einzig schiffbare Fluß Irans, welcher in den Bäkhtiari-Gebirgen mit 4000 m durchschnittlicher Seehöhe entspringt. Sein Einzugsgebiet beträgt rd. 55000 km² und seine Länge über 550 km. Da er gleichzeitig der einzige iranische Fluß ist, von dem teilweise regelmäßige Wasserstands- und Abflußmengenmessungen vorliegen, werden wir seine Abflußver-

Aus: Iran, das neue Persien.

Abb. 33.   Kärädj-Fluß im Oberlauf; ein wichtiger ausdauernder Binnenhochlandfluß auf der Südseite des Elburs.

hältnisse im wasserwirtschaftlichen Abschnitt (4. Teil II A2) ausführlicher behandeln. Folgende Abflußmengen des Karun beim Pegel von Ähwaz seien hier kurz erwähnt:

NNQ	MNQ	MQ	MHQ	HHQ
90	200	766	1470	5300 m³/s

In der Kulturgeschichte Irans hat dieser Fluß eine große Rolle gespielt; in der historischen Ebene von Susa, welche von ihm und von seinen Nebenflüssen durchflossen wird,

Abb. 34. Kärädj-Fluß im Mittellauf bei dem Städtchen Kärädj.   Dr. Kronecker.

finden wir heute die Reste einer Reihe von wasserwirtschaftlichen Anlagen, die durchweg alle über 1300 Jahre alt sind (s. 3. Teil II A 3).

b) Sefid-Rud entspringt in den Tschehel-Tscheschmeh-Gebirgen (40 Quellen-Gebirgen) Kordestans (3000—4000 m) und ist einer der wenigen Flüsse, welche ihren Ursprung auf

Aus: Durch Persiens Wüsten.
Abb. 35. Kärädj-Fluß im Unterlauf etwa 60 km vor seiner Mündung in den Salzsee Mäzileh.

dem Hochland nehmen und später die Randgebirge durchbrechen, um nach den Peripherieniederungen zu fließen. Vor der Vereinigung mit seinem rechten Nebenfluß Schah-Rud, der im Elburs entspringt, hieß er früher Kisil-Usen (Ghesel-Uzän); der ganze Flußlauf führt heute jedoch den Namen Sefid-Rud. Im ganzen ist dieser Fluß etwa 700 km lang;

bei Hochwasser soll er schätzungsweise 1000 m³/s führen, im Mai soll seine Wasserführung unterhalb Mändjil (nach dem Zusammentreffen mit Schah-Rud) etwa 150—160 m³/s und nahe der Mündung nur etwa 30 m³/s betragen haben [*178*, S. 26]. Der Unterschied gibt

Dr. Kronecker.

Abb. 36. Djadjerud im Mittellauf; ein wichtiger ausdauernder Binnenhochlandfluß auf der Südflanke des Elburs.

den landwirtschaftlichen Wasserverbrauch längs einer Strecke von rd. 100 km an. Diese Erscheinung beobachtet man überhaupt bei allen Flüssen des Hochlandes, deren Wasser

Dr. Kronecker.

Abb. 37. Häblerud; ein wichtiger ausdauernder Binnenhochlandfluß auf der Südflanke des Elburs.

zu Bewässerungszwecken ausgenutzt wird. Da die Schneemassen des verhältnismäßig großen Einzugsgebietes von Sefid-Rud infolge ihrer verschiedenen Höhenlagen nicht gleichzeitig abschmelzen, treten keine Überlagerungen der Schneeschmelzen verschiedener Flußgebiete ein, welche dann katastrophale Frühjahrshochwässer verursachen könnten.

c) **Hilmänd.** Er ist der mächtigste Strom des Binnenhochlandes, der das Zabolestan-Becken bewässert, entspringt auf den Höhen westlich Kabul und fließt in südwestlicher Richtung. Die Mündung und ein Teil seines Unterlaufes liegen in Iran, während er aber

Abb. 38. Häblerud im Unterlauf.   Dr. Kronecker.

Dr. Kronecker.
Abb. 39. Kánd-Fluß im Quellgebiet; ein ausdauernder Binnenhochlandfluß nördlich Teherans in den Schemran-Bergen.

zum größten Teil in Afghanistan fließt. Seine Wassermenge wird von Mc. Mahon mit $NQ = 58$ m³/s und $HQ = 1500$ bis 2000 m³/s angegeben[1]. Seine Länge beträgt 1100 km, damit ist er also der längste Fluß des Iranischen Hochlandes. S. Hedin machte über die Schwankungen der Wasserführung des Hilmänd folgende Feststellung: „Im Winter 1905 auf 1906 hatte man drei Anschwellungen des Hilmänd beobachtet, Mitte Dezember, Ende Januar und Mitte März; die letztere dauerte immer noch an (10. April!) und sollte in zwei Monaten ihr Maximum erreichen und im August ihren Tiefstand haben. Dann folgt vom Oktober an wieder ein Steigen des Wassers. Dieses Steigen beruht auf der Schneeschmelze und den Regenfällen im Gebirge, während die beiden ersten Fluten nur durch Regen entstehen" [75].

d) **Weitere Flüsse.** Ferner seien u. a. folgende ständig wasserführende Flüsse des Hochlandes nur kurz erwähnt:

Araxes; Äträk (etwa $HQ = 1000$ m³/s); Gorgan (etwa $MQ = 200$ m³/s); Großer Zab (am Pegel bei Girdmamukh in Irak $MNQ = 81$ m³/s im Oktober, $MHQ = 808$ m³/s im Mai); Dialeh (am Pegel bei Djebel-e-Hamrin in Irak $MNQ = 28$ m³/s im September,

[1] Geogr. J. 28 (1906) S. 209.

MHQ = 320 m³/s im März); Kärkheh[1] (etwa MQ = 50—75 m³/s); Ab-e-Dez (Abb. 3, etwa MQ = 75 m³/s); Djärrahi (etwa MQ = 75—100 m³/s); Zajändeh-Rud[1] (Abb. 31, etwa MNQ = 30 m³/s, MHQ = 300 m³/s); Kor oder Kurusch; Kärädj-Fluß (Abb. 32

Aus: Im weltentfernten Orient.

Abb. 40. Rudkaneh-Espänd als Beispiel eines aussetzenden Flusses am Iranischen Golf. Aus dem Bild geht das kleine Gefälle und die Verschotterung des Flußbettes hervor. Bild am 6. April aufgenommen.

bis 34); Djadjerud (Abb. 35); Häblehrud (Abb. 36, 37); Känd-Fluß (Abb. 38); Abb. 39 stellt einen aussetzenden Fluß am Randgebiet des Iranischen Golfes und Abb. 40 einen solchen auf dem Binnenhochland nordöstlich der Großen Käwir dar.

Aus: Durch Persiens Wüsten.

Abb. 41. Käl-Säbz; · ein aussetzender Binnenhochlandfluß östlich der Großen Käwir. Bild am 9. Juni aufgenommen.

B. Seen.

Die Seen Irans sind alte tertiäre Mulden, welche sich gegenwärtig in verschiedenen Stadien der Austrocknung befinden. Wir treffen hier entweder seichte, stark salzhaltige

---

[1] Siehe [62, S. 8].

Seen oder Käwire. Diese Binnenseen haben es vor allem ihrer geschützten Lage und ihrer
verhältnismäßig größeren Wasserzufuhr zu verdanken, wenn sie vor vollständiger Austrocknung oder Ausbildung zu Käwiren verschont geblieben sind. Der größte Binnensee
Irans ist der Rezaijeh-See, der eine Länge von 130 km, eine Maximalbreite von etwa 50 km
und eine Fläche von rd. 35 000 km² besitzt. Seine Tiefe beträgt 3 km vom Ufer entfernt
nicht mehr als 1,50 m, sie wächst aber nach dem Innern zu auf 5—15 m an. Sein Salzgehalt beträgt 23% und das spezifische Gewicht seines Wassers 1,175. Der seichte Hilmänd-
See weist keinen merkbaren Salzgehalt auf und bildet daher unter den salzhaltigen Binnenseen Irans eine Ausnahme.

2. T e i l.

Die Bedeutung der Wasserwirtschaft für die iranische Volkswirtschaft.

Aufgabe dieses Kapitels ist es, die Bedeutung der Wasserwirtschaft für die iranische Volkswirtschaft und ihre zukünftigen Entwicklungsmöglichkeiten auf Grund neuester Statistiken zu untersuchen. Diese beziehen sich auf das iranische Wirtschaftsjahr 1316 (1937/38). Vom Jahre 1317 liegt das statistische Material über den iranischen Außenhandel zwar schon vor, es umfaßt jedoch nur die neun Monate vom 22. Juni bis 21. März 1939, da die Generalzollverwaltung in diesem Jahr beschloß, das Zolljahr (Beginn bis dahin jeweils am 22. Juni) mit dem iranischen Kalenderjahr, welches bekanntlich am 22. März beginnt, in Übereinstimmung zu bringen [23, S. 4]. Da das Wirtschaftsjahr 1317 daher für unsere Untersuchungen ausscheidet und das statistische Material des Jahres 1318 (1939/40) zur Zeit der Bearbeitung dieses Abschnittes nicht vorlag, mußten wir für die folgenden Betrachtungen das Wirtschaftsjahr 1316 (22. Juni 1937 bis 21. Juni 1938) wählen, wobei auf die neueren wirtschaftlichen Berichte, soweit sie uns interessieren, noch hingewiesen wird.

I. Bevölkerungspolitisches.

Die Einwohnerzahl Irans und seiner wichtigsten Städte wird in der Literatur meist so grob geschätzt[1], daß wir es für angebracht halten, folgende zuverlässige Angaben, die sich auf die Ergebnisse der neuesten Volkszählungen stützen, darüber zu machen. Iran bedeckt eine Gesamtfläche von rd. 1,644 Mill. km². Seine Einwohnerzahl beträgt nach der im Jahre 1933 vorgenommenen Volkszählung rd. 15 Mill.[2]. Davon entfallen etwa 10 Mill. auf Landbewohner, die sich im Jahre 1936 auf 45 257 Ortschaften verteilten [22, S. 2]; der Rest von 5 Mill. setzt sich aus Stadtbewohnern, Gewerbe- und Industriearbeitern, sowie aus seßhaft gemachten Nomaden zusammen. Die Ermittlung seiner Bevölkerungsdichte unter Berücksichtigung der gesamten Landesfläche wäre vollständig irreführend, da die zerklüfteten Berglandschaften, Käwire, Dünenlandschaften sowie die infolge natürlichen Wassermangels unbewohnbaren Gebiete einen großen Teil des Landes einnehmen, welcher auf $^1/_3$ der Gesamtfläche geschätzt wird [5]. Landstriche, welche kulturfähig sind und genügend Niederschläge empfangen, sind auch verhältnismäßig dicht bevölkert, wie z. B. der Nordwesten, Norden und Nordosten.

Nach der im Jahre 1940/41 vorgenommenen Volkszählung ergaben sich für die wichtigsten Städte bis auf einen Radius von 6 km folgende Einwohnerzahlen:

Tabelle 4.

Stadt	Einwohnerzahl	Stadt	Einwohnerzahl
Teheran	540 087	Täbriz	213 542
Esfehan	204 598	Mäschhäd	174 710
Schiraz	129 023	Hämedan	103 874
Räscht	121 625	Kerman	50 048
Kermanschah	88 622	Pähläwi	37 511
Jäzd	60 066		

---

[1] P. Artzt hat in seiner Arbeit [2, S. 3] alle diese Schätzungen zusammengetragen.

[2] Peterm. Mitt. 1934, S. 24. (Nach neuesten Angaben soll die Einwohnerzahl Irans heute bereits 18 Millionen betragen.)

II. Landwirtschaft.

Iran ist gegenwärtig ein Argrarland. Seine landwirtschaftliche Produktion im Jahre 1316 iranischer Zeitrechnung (1937/38) können wir aus Tab. 5 und 6 entnehmen. Zum besseren Verständnis sind dort noch die wichtigsten landwirtschaftlichen Erzeugnisse ihren entsprechenden Ausfuhrquoten gewichts- und prozentmäßig gegenübergestellt. Aus der letzten Spalte geht ferner mittelbar der Innenverbrauch an erzeugten Gütern hervor.

Tabelle 5.

Die landwirtschaftliche Erzeugung[1] Irans und ihre Ausfuhr im Jahre 1937/38 (1316).

Erzeugnisse	Anbaufläche ha	Gesamt-erzeugung t	davon ausgeführt in	
			t	%
Weizen	1 649 348	1 942 225	22 611	1,2
Gerste	584 139	732 900	12 392	17,0
Reis (ungeschält). . . .	188 165	382 052	41 434	10,8
Früchte.	—	221 503	64 676	28,2
Baumwolle	206 654	124 007	77 845	62,8
Seidenkokons	—	2 431	64	3,8
Jute	3 565	3 863	30	0,8
Tabak und Tombak[2]. .	3 271	16 243	93	0,2
Gummitragant.	—	2 583	2 419	93,7
Opium	—	—	390	—
Henna	505	1 513	334	22,0
Rizinus	1 568	3 298	157	—
Sesam	4 431	5 869	129	—
Tee.	3 693	928	—	—
Zuckerrüben.	—	rd. 125 000	—	—

Tabelle 6. Tierische Erzeugnisse im Jahre 1937/38 (1316).

Erzeugnisse	Gesamterzeugung t	davon ausgeführt in	
		t	%
Lammfelle	—	1 260 000 Stck.	—
sonstige Felle	—	3 083	—
Fleisch	—	450	—
Butter	16 075	12	rd. 0,1
Käse	5 320	47	0,9
Wolle und Haare. . . .	17 554	8 751	50,0
Därme	3 066 846 Stck.	505	—

Wie schon bemerkt, können ungünstige Witterungsverhältnisse (Trockenjahre oder Unwetterkatastrophen), Heuschrecken- und Aphisplage oft beachtliche Mißernten hervorrufen. Der teilweise ungünstige Ausfall der Ernte im Wirtschaftsjahre 1316 gegenüber dem vorangegangenen Jahr (1315) kann z. B. nur auf solchen Einflüssen beruht haben (Tab. 7).

Tabelle 7.

Erzeugnisse	W.-Jahr 1315 (1936/37) t	W.-Jahr 1316 (1937/38[2]) t	Ausfall in	
			t	%
Weizen	2 159 561	1 942 254	217 307	10
Gerste	882 564	732 900	149 664	17
Rosinen.	60 848	42 368	18 480	30
Zuckerrüben.	rd. 138 000	rd. 125 000	rd. 13 000	10

---

[1] Siehe u. a. [21, 22, 23, 181].
[2] Tabak für Wasserpfeifen.

III. Außenhandel.

Die Gesamtübersicht des Außenhandels ohne die unter Zollbefreiung eingeführten Waren für das Wirtschaftsjahr 1937/38 gibt Tab. 8 wieder.

Tabelle 8.

	Menge in t	Wert in Mill.	
		Rial	RM [1]
Ausfuhr.	210,0	671,2	134,2
Einfuhr.	407,0	970,0	194,0
Gesamthandel	617,0	1641,2	328,2
Erdölausfuhr	9467,2	1877,2	375,4
Ausfuhr von Fischereiprodukten	8031,2	1557,9	311,6

Aus Tab. 9 und 10 sind die wichtigsten Waren der Ein- und Ausfuhr mengen- sowie wertmäßig zu entnehmen. In der letzten Spalte sind die Werte übersichtshalber noch in Hundertteilen des gesamten Aus- und Einfuhrvolumens angegeben worden.

Tabelle 9. Einfuhr der wichtigsten Waren im Jahre 1937/38 (1316).

Waren	Menge in t	Wert in Millionen		Wert in % der Gesamteinfuhr
		Rial	RM.	
Baumwollgewebe	13,0	193,1	38,6	20,0
Fahrzeuge, Reifen, Ersatzteile . . .	9,4	99,4	19,9	10,2
Zucker.	89,7	90,0	18,0	9,3
Maschinen und Zubehör	12,6	90,4	18,1	9,3
Tee	6,5	70,3	14,1	7,3
Wollgewebe	0,7	39,9	8,0	4,1
Eisenbahnmaterial	38,2	39,7	7,9	4,1
Eisen und Stahl	31,9	29,6	5,9	3,0
Zement	81,0	13,6	2,6	1,4

Tabelle 10. Ausfuhr der wichtigsten Waren im Jahre 1937/38 (1316).

Waren	Menge in t	Wert in Millionen		Wert in % der Gesamtausfuhr
		Rial	RM.	
Tierische Produkte	——	191,9	38,4	28,7
Textilstoffe.	20,0	92,7	18,5	13,7
Drogen und Gewürze	6,7	70,9	14,2	10,6
Ölsaaten und Opium	5,8	54,1	10,8	8,1
Mandeln, Kerne, Kartoffeln	4,8	49,3	10,0	7,3
Getreide	77,4	47,6	9,5	7,0
Getrocknete Früchte	50,5	40,4	8,1	6,0
Landwirtschaftl. Gesamterzeugnisse .	164,4	546,9	109,3	81,6
Teppiche und Kelims	2,7	109,0	21,8	16,3
Mineralien	—	3,4	0,7	0,5
Sonstiges.	—	12,0	2,4	1,6

Die Ausfuhrquote der landwirtschaftlichen Erzeugnisse macht also 81,6% des Gesamtausfuhrvolumens aus, sie erfährt eine weitere Steigerung, wenn wir in Betracht ziehen, daß das Rohmaterial der Teppiche und Kelims, deren Ausfuhrquote zusammen 16,3% beträgt landwirtschaftlichen oder tierischen Ursprungs ist.

---

[1] 5 Rial sind etwa gleich einer Mark zu setzen.

IV. Industrie.

Die iranische Industrie ist sehr jung. Die Zahl der Fabriken wächst ständig an. Hier sollen die wichtigsten von ihnen kurz erwähnt werden.

A. Textilindustrie.

Im Jahre 1939 besaß Iran bereits über 39 Webereien und 66 Hilfsanlagen für die Entkörnung von Baumwolle [36]. Die Gesamtleistung der einheimischen Baumwollverarbeitung betrug im Jahre 1937/38 rd. 37,2% der gesamten Baumwollerzeugung (Tab. 5); hinzu kommen noch die Wolle-, Jute- und Seidenverarbeitung.

Die Bedeutung der einheimischen Textilindustrie und ihre bisherige Erweiterung ist daraus zu ersehen, daß die Einfuhrziffer der Baumwollgewebe nach Tab. 6 im Jahre 1937/38 noch 20% der Gesamteinfuhr Irans ausmachte und damit unter allen Einfuhrartikeln an der Spitze stand. Nach den neuesten Berichten der Presse ist die einheimische Textilindustrie jetzt in der Lage, den inländischen Bedarf an Spinnereiwaren selbst zu decken [131][1].

B. Zuckerindustrie.

Die Zuckereinfuhr betrug im betrachteten Wirtschaftsjahr noch rd. 9,3% der Gesamteinfuhr Irans. Seit längerer Zeit wird ebenfalls am Ausbau einer einheimischen Zuckerindustrie gearbeitet. Im Jahre 1939 befanden sich acht Rüben verarbeitende Zuckerfabriken mit einer Jahresleistung von 20 000 t Zucker in Betrieb [131]. Die Gründung weiterer Fabriken, darunter auch Zuckerrohr verarbeitende, ist vorgesehen, da die Provinz Khusestan neben den anderen Südprovinzen ausgezeichnete Bedingungen für den Anbau von Zuckerrohr bietet, was wir daraus entnehmen können, daß die Zuckerrohrproduktion im Jahre 1939 rd. 500 t betrug und nach dem landwirtschaftlichen Fünfjahresplan bis auf 100 000 t gesteigert werden soll [42].

C. Zementindustrie.

Die rege Bautätigkeit in Iran mit ihrer ständigen Weiterentwicklung führte bereits vor einigen Jahren zum Ausbau einer einheimischen Zementindustrie. Die Leistung aller inländischen Zementfabriken betrug 1939 rd. 90 000 t im Jahr; mit Inbetriebnahme eines weiteren Werkes im nächsten Frühjahr soll der volle Zementbedarf im Inland selbst sichergestellt werden können [131][1].

D. Eisenindustrie.

Nach Stabilisierung der Wirtschaft und nach Lösung der Verkehrsfragen ist die iranische Regierung nunmehr an den Ausbau einer einheimischen Eisenindustrie gegangen. Ein Hüttenwerk, das aus zwei Hochöfen, einem vollständigen Siemens-Martin-Stahlwerk und den dazu gehörigen Walzwerkanlagen besteht, geht gegen Ende 1941 seiner Vollendung entgegen. Die Jahresleistung des Werkes soll 100 000 t Stahl und Eisen betragen [136]. Damit wird die Grundlage für eine eisenverarbeitende einheimische Industrie geschaffen. Es ist anzunehmen, daß in den kommenden Jahren ein gewisser Teil der eingeführten Eisenwaren in Iran selbst hergestellt werden kann.

E. Andere Industrien und Gewerbe.

Ferner ist eine Reihe anderer Fabriken für Konsumgütererzeugung, wie z. B. Zündholzfabriken, Seifen-, Parfüm-, Leder-, Papier- und Glasfabriken usw. entstanden, die gegenwärtig einen Teil des Inlandbedarfes decken.

Die iranischen Teppiche (Perserteppiche) waren seit jeher in der ganzen Welt begehrt. Die Einnahmen durch diese wichtige Ausfuhrware betrugen im Wirtschaftsjahr 1937/38 rd. 16% der gesamten Ausfuhr Irans.

---

[1] Vgl. ferner: Iran. Erweiterte wirtschaftliche Zusammenarbeit mit Deutschland. In: Das Reich, 8. Juni 1941.

V. Wirtschaftsbestrebungen Irans.

Nach der nationalen Wiedergeburt Irans unter der Führung seines Herrschers Reza Schah Pähläwi, dem es seine jungen und bedeutsamen Fortschritte zu verdanken hat, ist das wirtschaftspolitische Ziel die wirtschaftliche Unabhängigkeit des Landes und die Hebung des allgemeinen Volkswohlstandes, welche durch die Industrialisierung und Intensivierung der Bodenbewirtschaftung zu erreichen sind.

A. Industrialisierung.

Aus Tab. 9 entnehmen wir, daß die Einfuhrquoten für Baumwollgewebe, Wollgewebe und Zucker im Jahre 1937/38, wo bereits die einheimischen Industrien einen gewissen Teil des Inlandbedarfes an diesen Artikeln selbst decken konnten, immer noch zusammen 33,5% des gesamten Einfuhrvolumens in Anspruch nahmen. Iran führt andererseits selber Baumwolle und Wolle aus und ist imstande, große Mengen von Zuckerrüben und Zuckerrohr zu erzeugen und die Produktion der beiden ersteren Waren noch zu steigern. Die Industrialisierung Irans begann also logischerweise damit, die Verarbeitung der beiden ersten Produkte ins eigene Land zu verlegen, wozu eine Reihe von Spinnereien und Webereien ins Leben gerufen wurde, die nunmehr den Inlandsbedarf an Spinnereiwaren selbst decken können. Ebenso konnte die Zuckerindustrie bisher den Inlandbedarf teilweise sicherstellen. Durch die gewaltige Steigerung der Zuckerrohrproduktion nach dem Fünfjahresplan wird der volle Inlandbedarf nicht nur gedeckt werden, sondern der große Überschuß dieses landwirtschaftlichen Erzeugnisses wird noch ein wichtiges Ausfuhrprodukt bilden.

Iran besitzt ferner fast alle für den Aufbau einer selbstständigen einheimischen Metallindustrie notwendigen Rohstoffe, wie z. B. Eisen, Kupfer, Blei, Kohle und Erdöl [13, 14, 131, 136, 155, 171]. Wieweit aber Iran über die Deckung seines industriellen Bedarfes hinaus noch zu einem versorgenden Industrieland werden kann, hängt natürlich von manchen anderen hier nicht zu erörternden Faktoren ab.

B. Hebung der Landwirtschaft.

Wir haben gesehen, daß der iranische Außenhandel im betrachteten Wirtschaftsjahr sich zu 81,6% aus unverarbeiteten und zu 16,3% aus verarbeiteten landwirtschaftlichen Erzeugnissen zusammensetzte; diese machen zusammen rd. 98% des gesamten Ausfuhrvolumens aus. Iran ist also gegenwärtig ein Agrarland und wird es wohl auch noch lange bleiben, da die Industrialisierung des Landes nicht auf Kosten der Landwirtschaft vorgenommen wird. Im Gegenteil muß die Landwirtschaft aus folgenden Gründen weiterentwickelt werden:

1. Die Böden Irans weisen größtenteils lößartige Eigenschaften auf, die meist als sehr fruchtbar zu betrachten sind [2, S. 178]. Nach den neuesten Schätzungen können jedoch nur $1/_3$ des Landes bebaut werden [5]. Diese immerhin noch ziemlich große flächenmäßige Ausdehnung des anbaufähigen und fruchtbaren Bodens sowie die Verschiedenheit des Klimas gestatten, bei einem planmäßigen Ausbau des Wasserschatzes eine weitgehende Steigerung der mannigfaltigen Produkte und damit die Hebung des allgemeinen Volkswohlstandes zu erreichen.

2. Die Landwirtschaft sichert nicht nur die Ernährung des Volkes und eine sichere Einnahmequelle durch die Ausfuhr des Überschusses, sondern hat noch obendrein die Aufgabe, einen großen Teil der einheimischen Industrie mit den erforderlichen Rohstoffen zu versorgen.

3. Irans Modernisierung und Industrialisierung findet ausschließlich aus seinen eigenen Hilfsquellen und finanziellen Anstrengungen statt, deren ganze Last die Landwirtschaft fast allein zu tragen hat.

In diesem Zusammenhang sei hier auf einige der wichtigsten Maßnahmen der iranischen Regierung zur Steigerung der landwirtschaftlichen Erzeugnisse hingewiesen:

1. Einrichtung einer Landwirtschafts- und Industriebank mit vielen Zweigstellen, welche neben Erteilung langfristiger Kredite an Bauern, Klein- und Großgrundbesitzer noch die Aufgabe hat, Bewässerungsanlagen zu bauen.

2. Einführung moderner Landwirtschaftsmaschinen [*41*], einige Maßnahmen zur Schulung des Bauern und Verbesserung seiner Besitz- und Lebensverhältnisse [*41, 49*].

3. Bekämpfung der Heuschrecken- und Aphisplage.

4. Anbaupflicht für alle bestehenden Kulturen, deren Mißachtung zu Strafen oder sogar zur Grundbesitzenteignung führen kann.

5. Verkündung eines landwirtschaftlichen Fünfjahresplanes (1940—1944), welcher eine Steigerung der wichtigsten landwirtschaftlichen Produkte vorsieht (Tab. 11) [*41, 42, 44, 48*].

Tabelle 11.

Erzeugung	Produktions-steigerung t	Erzeugung im Jahre: 1937/38 t	1944 t	Erzeugung 1944:1937/38
Weizen und Gerste .	500 000	3 042 564	3 542 564	1,2
Baumwolle	(124 000)[1]	124 000	248 000	2,0
Zuckerrüben. . . .	120 612	rd. 125 000	245 612	2,0
Zuckerrohr	100 000	500	100 5 00	200,0
Tee.	1 700	928	2 628	2,9
Jute	2 000	3 863	5 863	1,6

Die gegen Ende 1944 zu erreichende Produktionssteigerung (Spalte 2) ist in dem Plan festgesetzt worden, während die anderen Spalten nur oben zum besseren Verständnis angeführt wurden. Bei Aufstellung dieses Planes, die nach genauen Überlegungen stattfand, hat die Frage der Wasserbeschaffung gewiß eine beherrschende Rolle gespielt.

VI. Schlußfolgerungen.

Auf die Bedeutung der Landwirtschaft für die gesamte iranische Volkswirtschaft und ihre zukünftigen Entwicklungsmöglichkeiten wurde bereits hingewiesen.

Wie wir gesehen haben, verfügt das Iranische Hochland größtenteils nicht über ausreichende, auf das ganze Jahr gleichmäßig verteilte Niederschläge, so daß man unbedingt auf künstliche Bewässerung und eine sparsame Speicherwirtschaft angewiesen ist. Die Zeitung „Ettelaat" behauptet, daß etwa $9/10$ der gesamten iranischen Feldwirtschaft zur Zeit allein durch Kärise bewässert werden [*42*]. Obgleich diese Angabe etwas zu hoch gegriffen zu sein scheint, können wir jedoch daraus die Bedeutung der künstlichen Bewässerung für Iran erkennen. Die Schaffung neuer Kulturen sowie die intensive Bewirtschaftung der bestehenden setzen daher voraus, daß zu ihrer Bewässerung genügend Fluß- oder Grundwasser zur Verfügung steht.

Für die größtmögliche Steigerung der landwirtschaftlichen Produktion Irans dürfen wir uns nicht eine „intensive Bodenbewirtschaftung" zum Ziel setzen, sondern allein eine „intensive Wasserbeschaffung und Wasserbewirtschaftung" — ohne dabei am Wasserschatz des Landes Raubbau zu treiben —, da noch genügend fruchtbare Anbauflächen zur Verfügung stehen; nötigenfalls kann auch von den versalzten und an sich noch wertvollen Böden neues Kulturland wiedergewonnen werden.

Aus diesen Untersuchungen können wir also schließen, daß die Wasserwirtschaft die Grundlage der gesamten Volkswirtschaft Irans und aller ihrer Entwicklungsmöglichkeiten bildet.

---

[1] Die Baumwollerzeugung soll in fünf Jahren verdoppelt werden [*41*].

3. Teil:

Die bisherigen wasserwirtschaftlichen Verhältnisse.

Einleitung.

In Iran stellte die künstliche Wasserbeschaffung bereits seit Beginn der kulturellen Siedlung ein wichtiges und brennendes Lebensproblem dar. Mit Recht kann man behaupten, daß der Lebenskampf der Iraner stets der Kampf um Wasser war und es wohl auch zu jeder Zeit bleiben wird.

Der Verfall des Sassaniden-Reiches (640 n. d. Zw.) brachte für die Wasserwirtschaft eine Wendung; vor ihr war nämlich die Kunst des Wasserbaues eine sehr hohe, während der ganzen arabischen Herrschaft und der Nachzeit trat darin jedoch ein großer Rückgang ein, wenn wir dabei von der Blütezeit der safawidischen Herrschaft absehen, wo auch die Wasserwirtschaft einen vorübergehenden Aufschwung erfuhr. Seit Beginn der neuen Epoche Irans unter Führung seines Herrschers Reza Schah Pähläwi lebt die Wasserwirtschaft wieder auf. Der Beginn dieser Epoche bedeutet für sie also wieder eine Wende und einen neuen Wiederaufstieg.

I. Die vorislamische Wasserwirtschaft
(550 v. d. Zw. bis 640 n. d. Zw.).

A. Die Weltanschauung der Iranier und ihre Beziehung zu der Wasserwirtschaft.

Vor dem arabischen Einfall war die zoroastrische Lichtreligion das Glaubensbekenntnis der Iranier. Über den Propheten Zarathustra, den Gründer dieser sittlichen Lehre tastet man noch im Dunkeln. Es steht jedoch fest, daß diese Religion der Arier auf dem Iranischen Hochland entstand. Ihre daseinsbejahenden Lehren wiesen daher eine bemerkenswerte Anpassung an die natürlichen Verhältnisse dieses Landes auf, wenn sie z. B. von ihren Anhängern die künstliche Bewässerung, die Erhaltung und Vermehrung der Bäume forderten. Als Beleg hierfür wollen wir folgende sinnreiche Sätze aus dem heiligen Buch der Parsen „Vändidad" anführen [38, 146, S. 299; 191, S. 326][1].

Zarathustra: Du Schöpfer der stofflichen Welt!
              Wo ist diese Erde am glücklichsten?
Ahura-Mazda: Wo man mehr Weizen und Kräuter anbaut,
              nützliche Bäume pflanzt,
              den trockenen Boden bewässert und
              die Sümpfe entwässert.

Die Iranier betrachteten also den Ackerbau, die Viehzucht und mittelbar oder unmittelbar die künstliche Bewässerung als ein Gebot Gottes; sie verehrten ferner die vier Elemente: Wasser[2], Erde, Sonne und Wind.

---

[1] Vgl. hierzu noch die Ausführungen von E. Polak [124, S. 107] und S. Hedin [75, S. 254].

[2] In einigen Arbeiten über Iran [8, 72 usw.] wird irrtümlicherweise behauptet, daß die Iranier nur das „Quellenwasser" als heilig betrachteten. Auf meine Anfrage bei Herrn Prof. Pur-Dawud wurde mir bestätigt, daß diese Behauptung irrig ist und in den heiligen Büchern der Parsen das Wasser im allgemeinen Sinne verehrt wird.

B. Wasserwirtschaftliche Bauten.

1. Kärise[1] (Abb. 42).

Kärise sind seit mehr als 2500 Jahren in Iran bekannt und werden heute noch in großem Umfang zur künstlichen Bewässerung herangezogen.

a) Beschreibung. Kärise sind Stollen, welche das Grund- oder Sickerwasser sammeln und zutage leiten. Eine Kärisanlage setzt sich im wesentlichen aus folgenden drei Teilen zusammen: Luftschächte, Galerie, Sammelbecken.

Luftschächte. Der Querschnitt der Luftschächte ist kreisrund mit einem Durchmesser von 0,80—1,00 m. Die Tiefe der Schächte schwankt zwischen 2,00 m an der Mündung bis 150 m und mehr am Endpunkt des Kärises (Mutterschacht) (Tab. 16). Die Schächte münden gewöhnlich unmittelbar in der Decke der Galerie, doch kommt es auch vor, daß

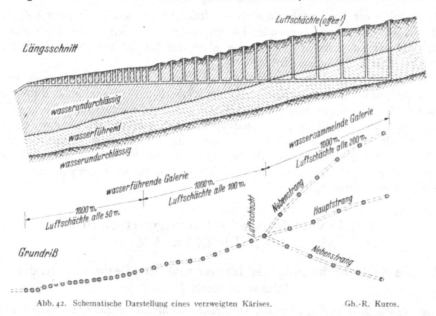

Abb. 42. Schematische Darstellung eines verzweigten Kärises.   Gh.-R. Kuros.

der Schacht seitlich von der Galerie geführt und dann durch einen kurzen horizontalen Querschlag mit ihr verbunden wird. Bei Bau- und Instandhaltungsarbeiten dienen sie als Arbeitsschächte und sorgen ferner ständig für die Entlüftung des Stollens.

Die Entfernung der Luftschächte soll bei einer Kärisanlage zwischen 15 und 200 m schwanken; je tiefer die Schächte werden, um so größer wählt man dann ihren gegenseitigen Abstand. Diese Bauweise erschwert offenbar die Linienführung der Galerie, sie ist jedoch infolge ihres geringeren Bodenaushubes wirtschaftlich und daher sehr sinnvoll erdacht. Zimbalenko gibt Schachtentfernungen von 40 m an [19, S. 320ff., 192]; seine Zahlenangaben beziehen sich aber auf die Kärise Transkaspiens, welche gegenüber den iranischen als mittlere oder sogar kleinere Anlagen zu betrachten sind, was aus dem Vergleich der Tab. 16 dieser Arbeit mit den Angaben Auhagens [4, S. 68] über zwölf neue Kärise in Transkaspien hervorgeht.

Galerie. Die Galerie zerfällt in einen wassersammelnden und einen wasserabführenden Teil. Die Herstellung und Unterhaltung des ersteren ist wesentlich schwerer und umständlicher als die des letzteren. Der Stollen ist gewöhnlich rechteckig mit schwacher Wölbung im First. Im allgemeinen werden die Abmessungen so gewählt, daß man in tief gebückter oder sitzender Stellung arbeiten kann (h = 1,00—1,50 m, b = 0,40—0,80 m).

---

[1] Käris wird nach genauer Transkription Kähris geschrieben und ist ein rein iranisches Wort, während der noch gebräuchlichere Ausdruck Kanat (Ghänat) eine arabische Bezeichnung dafür ist. Wir behalten den Ausdruck Käris bei.

Das Gefälle[1] des Stollens beträgt 2—5⁰/₀₀ und darf niemals so groß angenommen werden, daß die Schleppkraft zu groß wird und die Sohle angreift. Die Länge der Stollen schwankt nach den örtlichen Verhältnissen zwischen 2 und 50 km und mehr. Die längsten Kärise sollen bei Jäzd in Zentraliran vorkommen.

Gewöhnlich bestehen die Kärise aus einem einzigen Strang; handelt es sich dabei um größere, d. h. wasserreichere Anlagen, so können sich verschiedene Äste zu einem System vereinigen.

Die Richtung der Galerie wird möglichst gerade gewählt.

Sammelbecken (Abb. 43). Manche Kärise münden in ein Sammelbecken, von dem dann die Bewässerungskanäle abgeleitet werden [*19*, S. 321; *74*, S. 184].

Aus: Durch Persiens Wüsten.

Abb. 43. Das Sammelbecken einer Kärisanlage als Teich ausgebildet, von dem dann die Bewässerungskanäle abgeleitet werden.

b) Bauausführung. Da der Bau von Kärisanlagen heute mit Hilfe von denkbar einfachsten Mitteln geschieht, kann man annehmen, daß die damalige Bauweise sich von der heutigen nicht wesentlich unterschied.

Vorarbeiten[2]. Diese bestehen zunächst im Aufsuchen der wasserführenden Schicht, die am Fuße der Berge anzutreffen ist. Bevor man mit dem Bau der Kärise beginnt, muß man sich zunächst von der Wasserführung der durchlässigen Schichten vergewissern, was nach den vom Oberkärismeister[1] gemachten Angaben wie folgt vor sich geht:

Es werden stets drei Versuchsbrunnen, welche am Hang 200 m und auf dem Flachland 500 m voneinander entfernt sind, bis zum Grundwasser abgeteuft[3], wobei die Schächte alle auf einer geraden Linie liegen (?) (Abb. 44). Nunmehr stellt man fest, ob der Grundwasserspiegel in der Richtung der Schächte ein Gefälle aufweist oder nicht. Je stärker das Gefälle ist, um so größer soll die Wasserführung sein. „Liegt jedoch der Grundwasserspiegel in allen drei Schächten auf gleicher Höhe, so muß die wasserführende Leitung so verlängert werden, daß sie Wasser faßt" (Oberkärismeister) (?).

---

[1] Nach Angabe des Oberkärismeisters der Stadtverwaltung von Teheran rechnet man auf 100 m Stollenlänge 3 Gereh Gefälle (nach altiranischem Maßsystem sind 16 Gereh = 1,00 m) woraus sich ein Gefälle von rd. 2⁰/₀₀ errechnet.

[2] Diese Vorarbeiten nennt der Kärismeister „Gämaneh-zädän".

[3] Hang heißt auf iranisch „Damäneh" und Flachland „Däscht".

Dagegen muß man folgendes einwenden: Die drei Schächte dürfen nicht auf einer Geraden liegen, wenn man damit das größte Gefälle bzw. die Richtung des Grundwassers bestimmen will; hierzu bedient man sich eines der bekannten Verfahren, z. B. des Thiemschen ε-Verfahrens. Ferner muß die wassersammelnde Leitung mit den Grundwasserhorizontalen zusammenfallen, wenn sie ihrer Tiefenlage und Abmessungen entsprechend die größtmögliche Wassermenge fassen soll.

Um die Wasserführung eines Kärises zu vergrößern, treibt man vom letzten Schacht, welcher die Grenze zwischen dem wasserabführenden und wassersammelnden Stollen bildet, nach links und rechts Seitenstollen vor. Der Winkel zwischen dem Haupt- und den Seitenstollen errechnet sich aus den in Abb. 44 gemachten Angaben zu 38—48°.

Für die Linienführung des Kärises sind die Geländeverhältnisse und der Ort des Versorgungsgebietes maßgebend. Das Gelände muß stets ein größeres Gefälle aufweisen als die Kärissohle, damit das Wasser an der Mündung zutage geführt werden kann.

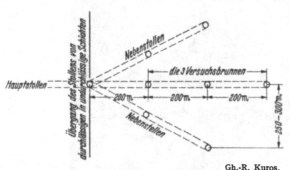

Gh.-R. Kuros.

Abb. 44. Anordnung von Versuchsbrunnen und Kärisnebenstellen.

Herstellung des Stollens. Die Herstellung des Stollens geht immer von der Mündung in Richtung auf das obere Kärisende vor sich. In wasserundurchlässigen Bodenschichten kann der Stollen von jedem Schacht aus in beiden Richtungen vorgetrieben werden, während im Bereiche der wasserführenden Schichten nur bergauf vorgetrieben wird, damit das sich ansammelnde Sickerwasser ablaufen kann. Um größere Tiefen der Luftschächte zu vermeiden, bricht man auch nötigenfalls das Sohlengefälle des Stollens und ordnet Abstürze an. Der Schacht- und Stollenausbruch wird um jeden Schacht herum angeschüttet, um die Oberflächenwässer von den Kärisanlagen fern zu halten. Diese geschütteten Ringwälle bilden im Gelände die Kennzeichen einer Kärisanlage.

Ausbildung und Unterhaltungsarbeiten. Die Luftschächte werden im allgemeinen weder ausgekleidet noch zugedeckt. Unterfahren die Kärise dagegen eine Siedlung oder Stadt, so werden die Luftschächte sorgfältig mit Mauerwerk ausgekleidet und mit einem Deckel versehen.

Die Stollen müssen jedoch an gewissen Stellen, wo Einsturzgefahr besteht, ausgebaut werden. Der Ausbau dieser Strecken geschieht entweder durch Türstockrahmen aus Maulbeerbaumholz oder aus gebrannten Tonrohren. Die letzteren besitzen eine elliptische Form von 0,63—1,13 m Höhe, eine Dicke von 3 cm und eine Länge von 1,0 m. Als Bindemittel nimmt man entweder Mörtel oder feuchten Lehm[1]. Bei Holzaussteifung kommen auf einen Meter etwa vier Rahmen aus Halbrundholz von 7—8 cm Stärke. Es können bei solchen Aussteifungen auch Steingewölbe verwendet werden.

Für den größten Teil der Stollen nimmt man also keine Auskleidung vor, was wahrscheinlich auf die kleinen Stollenabmessungen sowie auf die Beschaffenheit des Bodens zurückzuführen ist, da der Boden nach der Ebene zu allmählich Lößcharakter annimmt und die gröberen Böden in den höher liegenden Gebieten durch Ton oder Sinterbildung eine gewisse Konsistenz erhalten zu haben scheinen.

Die Unterhaltungsarbeiten setzen sich aus folgenden zusammen: Reinigung der Sohle, Beseitigung der Einsturzmassen und Stollenaussteifung und schließlich aus Wasserhaltungsarbeiten, die der Kärismeister mit ,,Ab-bändi" bezeichnet. Diese sind sehr gefürchtet und werden erforderlich, wenn infolge Verstopfung des Stollens das Wasser sich kärisaufwärts

---

[1] Mit Wasser angemachter Lehm bildet oft in der billigen Bauweise das übliche Bindemittel, dem man bestenfalls noch etwas gebrannten Kalk hinzusetzt.

aufstaut und folglich in die Luftschächte hinaufsteigt. Bei solchen Instandhaltungsarbeiten muß der Wasserspiegel zunächst auf den normalen Stand gebracht werden, was durch stufenweise Absenkung des Wasserspiegels mittels Horizontalstollen nach dem in Abb. 45 gezeigten Schema geschieht.

Ist die Beseitigung der Einsturzmassen und die Ausbesserung der Galerie mit sehr hohen Kosten verbunden, so überläßt man den eingestürzten Abschnitt seinem Schicksal und ersetzt ihn durch einen neuen und billigeren Verbindungsstollen (Abb. 45).

Werkzeuge. Zur Herstellung ihrer Wunderwerke gebrauchen die Käriserbauer die denkbar einfachsten Handwerkszeuge; sie bestehen aus Fußwinde, Ledersack, Hanfseil, Hacke, Handschaufel und bestenfalls einer Blinklaterne. In neuerer Zeit kommt noch die Wasserwaage hinzu.

Mit solch einfachen Mitteln (Abb. 46 und 47) in Tiefen

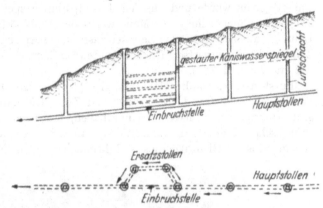

Abb. 45. Wasserhaltungsarbeiten bei Stolleneinbruch. Gh.-R. Kuros.

von über 100 m Stollen von 200 m Länge herzustellen, zwingt uns, den Kärismeistern unsere Anerkennung auszusprechen.

Im nächsten Abschnitt werden wir uns mit der Geschichte der Kärise beschäftigen und an Hand geschichtlicher Daten beweisen, daß diese Anlagen vor mindestens 2500 Jahren

Abb. 46. Kärisbau mit denkbar einfachsten Geräten. Dr. Kronecker.

in ihrer heutigen Form bereits bekannt waren. Dies rechtfertigt es, die Erfinder der Kärise und ihre Erbauer im grauen Altertum als Meister der Grundwasser- und Tiefbautechnik zu bezeichnen.

c) **Die Geschichte der Kärise.** Im Jahre 1272 bereiste der venezianische Weltreisende Marco Polo Iran. Er berichtet von runden Löchern in der Erde, die mit erdenen Ringwällen umgeben waren [74]. Nördlich der Stadt Schuschtär hat Gr. v. Roggen einen

alten in Sandstein gehauenen Kanal aufgenommen (Abb. 50), der durch gemauerte
Einlaßöffnungen vom Karun aus gespeist wurde [*137*, S. 186]. In seinem weiteren Lauf
nach Westen setzt er sich aber unterirdisch in der Kärisbauweise fort (Luftschächte,
Stollen). Sehen wir davon ab, daß diese unterirdische Wasserleitung nicht durch Grundwasser sondern vom Karun aus gespeist wird, so ist sie mit den Kärisen vollständig identisch. [Eine Wasserleitung, die vor mehreren Jahren zur Versorgung Teherans mit Trink-
wasser gebaut wurde und aus dem Kärädj-Fluß gespeist wird, weist dieselbe Bauweise
auf]. Die Untersuchung des Mauerwerks der Einlaßöffnungen hat ergeben, daß dieses
Bauwerk aus der blühenden Zeit der Sassanidenherrschaft stammt, nämlich aus derselben
Zeit, wo die wasserwirtschaftlichen Bauten bei Schuschtär errichtet worden sind (zwischen
242 und 272 n. d. Zw.).

Fürst Arsakes wählte Hekatompylos (das heutige Damghan) als die Hauptstadt des
Partherreiches (256 v. d. Zw. bis 226 n. d. Zw.). Die Landschaft Parthien muß einst über
große Bewässerungsanlagen verfügt haben, was u. a. besonders aus den Berichten des
chinesischen Generals Tschang-Kiens um 128 v. d. Zw. hervorgeht [*109*]. Polybius,
der griechische Historiker des 2. Jahrhunderts v. d. Zw. betont gleichfalls die Bedeu-

Abb. 47. Kärisbau mit denkbar einfachsten Geräten.   Dr. Kronecker.

tung dieser Anlagen für Hekatompylos; sie bestanden nach seiner Beschreibung aus
einer Reihe von Brunnen und unterirdischen Wasserleitungen (also Kärise!). Darüber
berichtet ferner Houtum Schindler im Jahre 1877 folgendes: „Von den vielen nordöstlich von Damghan beim Dorf Tak zu findenden unterirdischen Wasserläufen, welche
Polybius als in Hekatompylos bestehend erwähnt, sollen jetzt noch zwölf aus großen
quadratischen halbgebackenen Ziegelsteinen gebaute bestehen; ich sah nur einen, in den
Dörfern jedoch viele von diesen Ziegelsteinen zum Häuserbau benutzt" [*139*]. Die Parther
haben sich beim Bau dieser Anlagen sicher des Vorbildes der Wasserversorgung bei Persepolis bedient, denn solche unterirdischen Wasserleitungen finden wir weiter zurückblickend
bei dieser historischen Stadt.

Dareios (521—485 v. d. Zw.), einer der gewaltigsten Könige der Achämeniden-Dynastie
gründete Persepolis. Bei den verschiedenen Bewässerungsanlagen dieser einst blühenden
Landschaft begegnen wir einer Anlage, bei der vorwiegend Grundwasser zur Versorgung
ausgedehnter Ländereien herangezogen worden ist. Aus folgender Schilderung E. Merliceks [*109*] geht hervor, daß diese Anlagen, mit unseren heutigen Kärisen vollständig

identisch waren. Die Luftschächte bezeichnet dieser Verfasser mit Saugbrunnen: „Eine Reihe von Saugbrunnen hatte das Grundwasser aufzunehmen, unterirdische Kanäle oder Stollen leiteten es in einen Sammelbrunnen, oberirdische Kanäle dienten für die Ableitung der oberen Wasserschichten, die aus den Saugbrunnen austraten oder überliefen, da das Grundwasser im Gebirge zuweilen unter Druck gestanden und daher bis zur vollen Höhe der Saugbrunnen oder darüber aufstieg. Der Sammelbrunnen war der Ausgangspunkt der Bewässerungskanäle, die den einzelnen Versorgungsgebieten im Gefälle zugeleitet wurden".

Eine Vereinigung von Kärisen und artesischen Brunnen, wie es aus E. Merliceks Ausführungen zu entnehmen ist, ist jedoch gleichzeitig kaum möglich. Wir können annehmen, daß es sich hierbei entweder um Kärisanlagen handelte, in denen das Wasser später infolge Verstopfung des Stollens in die Höhe gestiegen und möglicherweise noch übergelaufen war, welches man dann durch oberirdische Kanäle abzuleiten versucht hatte, oder um Einzelbrunnen, aus denen das unter Druck stehende Grundwasser zutage trat und in oberirdischen Kanälen abgeleitet werden konnte.

d) Schlußfolgerungen. Wie wir sahen, waren die Kärise bereits zur Zeit der Achämeniden, also vor 2500 Jahren bekannt; ihre Entwicklung dürfte noch eine gewisse Zeit in Anspruch genommen haben. Diese Erfindung ist auf die dringende Wassernot und das allgemeine Streben nach einer künstlich geregelten Wasserwirtschaft zurückzuführen.

Überall finden sich seit dem hohen Altertum Bewässerungsanlagen in China, Indien, Vorderasien, Nordafrika, Spanien, Südfrankreich und Norditalien, deren Wirksamkeit sich nur auf engbegrenzte Gebiete erstreckte, während die iranische Methode der Wassergewinnung eine oder gleichzeitig mehrere Gemeinden erfaßte und keiner Menschen- oder Zugtierkräfte zur Hebung des Wassers bedurfte.

Die Kärise verbreiteten sich, nachdem die Araber über Iran siegten, durch diese auf Nordafrika, wie z. B. am tripolitanischen Nordrande der Sahara, auf der Marakasch-Hochebene am Tensift in Marokko [*109*].

2. Einiges von der vorsassanidischen Wasserwirtschaft.

a) Die Achämenidische Epoche (550—330 v. d. Zw.). Herodot berichtet von einer Bewässerungsanlage am Gydnes, einem Nebenfluß im Oberlaufe des Tigris, die von Kyros (550—529 v. d. Zw.) angelegt worden sei. Durch diese habe sich das Wasser in 60 Kanäle ergossen [*109*].

Dareios (622—486 v. d. Zw.) schenkte den Bewässerungsanlagen am Karun (Dariun-Kanal bei Schuschtär, s. unten), bei Persepolis und im Nordwesten am Araxes große Aufmerksamkeit. Auch die Gesetzgebung erfuhr unter seiner Herrschaft eine Regelung, die auf die weiteste Förderung der Bodenbewässerung hinauslief [*109*]. Nach der Eroberung Ägyptens (517 v. d. Zw.) beschäftigte sich Dareios ernstlich mit dem Plane, das Rote Meer mit dem Mittelländischen Meer durch eine Wasserstraße zu verbinden und befahl, dazu einen Kanal zu bauen (Idee des Suezkanals) [*81*, S. 28].

Abgesehen von den bereits erwähnten Kärisen, bildete einen Bestandteil der Bewässerungsanlagen von Persepolis eine Talsperre am Kor-Fluß, die gegenwärtig unter dem Namen Bänd-e-Ramdjerd[1] bekannt ist [*89*]. Im Laufe der Geschichte ist sie oft der Zerstörung anheimgefallen, wurde aber verschiedentlich wieder ausgebessert. Heute befindet sie sich jedoch in einem verfallenen Zustand und dient nur in beschränktem Maße zur Bewässerung. Nach amerikanischen Gutachten ist für ihre Wiederherstellung ein Kostenaufwand von 700 000 Rial (140 000 RM) erforderlich [*89*, S. 91].

b) Die Arsakidische Epoche (256 v. d. Zw. bis 226 n. d. Zw.). Wir haben bereits bei der Behandlung der Geschichte der Kärise auf die weit berühmt gewordenen Bewässerungs-

---

[1] „Bänd" kommt von „bästan" = binden oder sperren und ist eine altiranische Bezeichnung für Staudamm oder Wehr.

anlagen Hekatompylos hingewiesen. Nach chinesischen Berichten soll das parthische Reich stark bevölkert und überall sehr gut bewässert gewesen sein. Die Ruinen ihrer Bewässerungsanlagen, welche sorgfältig mit Mauerwerk verkleidet waren, finden wir noch heute in der Ebene von Damghan vor.

3. Wasserwirtschaftliche Bauten unter der Sassanidenherrschaft in der Ebene von Susa (224—650 n. d. Zw.).

In den Jahren 1904 und 1905 bereiste der holländische Ingenieur Gr. v. Roggen in Begleitung anderer holländischer Ingenieure im Auftrag der damaligen iranischen Regierung mehrmals die Provinz Khusestan, um die Möglichkeiten zur Bewässerung dieses früher blühenden Landstriches zu untersuchen. Im Rahmen seiner Forschungen hat er eine eingehende Untersuchung der historischen, gegenwärtig vollständig oder teilweise verfallenen wasserwirtschaftlichen Anlagen Susas vorgenommen und veröffentlicht [*III, 137*], von denen die wichtigsten und interessantesten im Nachfolgenden wiedergegeben werden.

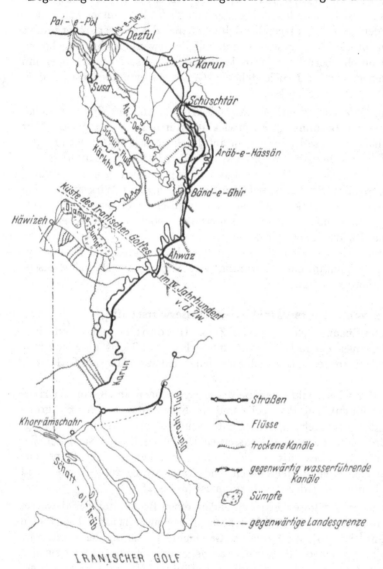

a) **Allgemeines.** *Die Ebene von Susa.* Diese erstreckt sich vom Fuße der Poscht-e-(Kuh-) und Lorestan-Gebirge sowie des Bäkhtirari-Landes bis zur Küste des Iranischen Golfes, deren ungefährer Verlauf vor rd. 400 Jahren v. d. Zw. aus der beigefügten Karte zu ersehen ist (Abb. 48). Diese Ebene wird von den drei Flüssen, Karun, Ab-e-Dez (Ab-e-Diz) und Kärkhe durchflossen, zwischen denen heute Reste alter

Abb. 48. Wasserwirtschaftliche Bauten in der Ebene von Susa.   Nach Graat v. Roggen.

Bewässerungsanlagen von den hervorragenden Wasserbauarbeiten der Iranier im Altertum Zeugnis ablegen, die aus Brücken, Aquadukten, Wehren, Kanälen und Kärisen bestehen (Abb. 48 und 50).

Die meisten und wichtigsten dieser Bauwerke stammen aus sassanidischer Zeit, einige Kanäle sollen nach Berechnungen von Gr. v. Roggen sogar 3400 Jahre alt sein [*137*,

S. 195]. Auf solche Bauwerke, die der Sage nach oder aus anderen Erwägungen heraus älteren Datums zu sein scheinen, wird noch im Laufe folgender Ausführungen hingewiesen werden.

Die große Straße, welche die beiden Hauptzentren des Persischen Reiches „Passargadä" und „Ktesiphon" miteinander verband, verlief östlich der Ebene von Susa und überquerte die drei Flüsse Karun bei Schuschtär, Abe-e-Dez bei Dezful und Kärkhe bei Pai-e-Pol.

Im Zuge dieser wichtigen Straße sind drei große Brückenbauten im Zusammenhang mit wasserwirtschaftlichen Anlagen von Schahpur I. (242—272 n. d. Zw.) ausgeführt worden, auf die hier kurz eingegangen werden soll.

Charakteristik der Sassanidischen Brücken (Abb. 49). Die Brückenkonstruktionen sassanidischer Herkunft setzen sich aus folgenden zwei Hauptteilen zusammen:

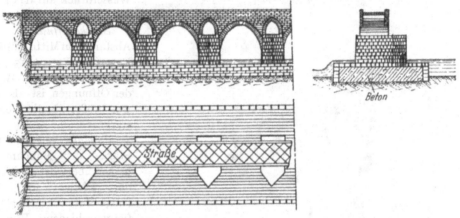

Abb. 49. Darstellung einer Sassanidischen Brücke mit dem darunter angeordneten Wehr.   Nach Graat v. Roggen.

1. Die massive *Fundamentmauer* ist als ein festes Wehr ausgebildet worden, welchem bei einer bestimmten Stauhöhe (gewöhnlich 3—4 m über dem niedrigsten Wasserstand) noch die Aufgabe zufällt, die Brückenlasten aufzunehmen und in den Untergrund zu leiten.

2. Der *Überbau* besteht aus Pfeilern, Durchflußöffnungen, Seitenwänden und Straßenüberbauten.

Baustoffe. Bei Schuschtär bestehen die Pfeiler sowie die Fundamentmauer und Seitenwände durchgehend aus behauenen Sandsteinquadern; bei Dezful dagegen beobachten wir bei Pfeiler und Fundamentmauer eine äußere Ummantelung aus Sandsteinquadern, deren Kern aus gutem Beton besteht. Die Pai-e-Pol-Brücke weist die letztere Bauweise auf. Die Sandsteinblöcke wurden hier noch durch Metallzangen miteinander verankert.

Bei Dezful und Pai-e-Pol zeigen Brückenteile, welche den Wasserfluten nicht ausgesetzt sind, eine Mischbauweise, bei der auf drei Schichten Mauerwerk immer eine solche aus Bruchsteinen folgt.

Der Zement, den man bei allen Bauwerken verwendet hat, ist von sehr guter Beschaffenheit.

Die Gewinnung des Sandsteines geschah in nächster Nähe der Baustelle aus den hier überwiegenden Sandsteinhängen.

Untergrundverhältnisse. Bei Schuschtär besteht der Baugrund aus Sandsteinschichten, während er bei Pai-e-Pol und Dezful aus Konglomeraten gebildet wird. An der Luft verwittern die letzteren sehr leicht, unter Wasser bleiben sie dagegen in gutem Zustande erhalten, z. B. sind bei der Dezful-Brücke manche Pfeiler bis zur Hälfte ihrer Grundfläche unterhöhlt, was darauf zurückzuführen ist, daß nach dem Verschwinden des schützenden Fundamentkörpers die Konglomerate des Untergrundes unmittelbar den atmosphärischen Einflüssen und folglich der Verwitterung und Auswaschung ausgesetzt waren. Dies bedeutet weiterhin für die Brücke von Dezful eine große Gefahr.

b) Allgemeine Beschreibung einiger Brückenteile. *Pfeiler.* Alle Pfeiler besitzen eine rechteckige Form mit einer stromaufwärts gerichteten Spitze. Beim ersten Blick erscheinen sie als überdimensioniert, die Notwendigkeit dieser großen Abmessungen kann man sich aber gut vorstellen, wenn man die Wucht der Hochwasserfluten dieser drei Flüsse selber erlebt hat. Die Stärke der Pfeiler schwankt zwischen 5,0 und 6,4 m, während ihre Länge sich zur Straßenbreite proportional verhält. Unmittelbar über jedem Pfeiler ist noch ein kleiner Bogen angeordnet, der die Aufgabe hat, den Durchflußquerschnitt bei steigendem Hochwasser zu vergrößern und damit den Wasserdruck auf das Bauwerk herabzusetzen.

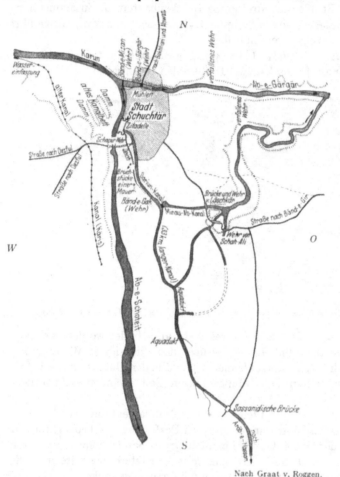

Nach Graat v. Roggen.

Abb. 50. Lageplan der wasserwirtschaftlichen Bauten bei Schuschtär.

Brückenöffnungen. Der Abstand von Mitte zu Mitte Bogen beträgt rd. 13,0 bis 14,0 m. Die lichte Weite der Öffnungen ist also etwas größer als die Pfeilerstärke.

Fundamentmauer. Die Stärke der Fundamentmauer übertrifft die Länge der Pfeiler nur um einige Meter. Sie wechselt für verschiedene Brücken zwischen 8,0 und 12,0 m. Die Stauhöhe von 3,0 bis 4,0 m reichte normalerweise aus, um die an den beiden Flußufern gegrabenen Bewässerungskanäle während der Trockenzeit mit Wasser zu versorgen.

c) Wasserwirtschaftliche Bauten bei Schuschtär (Abb. 50). *Das Wehr und die Brücke von Schuschtär* (Abb. 51). Die Schuschtär-Brücke fällt unter den übrigen Brücken durch ihre unregelmäßige Achsenführung auf, wofür man bis heute noch keinen überzeugenden Grund angeben kann. Gr. v. Roggen vermutet, daß der Baumeister der Brücke die Gründung des Bauwerkes auf den höchstgelegenen Sandsteinschichten, deren Verlauf mit der vorliegenden Achsenführung der Brücke sich decken könnte, vorgenommen habe, um wahrscheinlich größere Ausschachtungen zu vermeiden (s. ferner weiter unten). In ihrem ursprünglichen Zustand besaß die Brücke mindestens 40 Bögen; ihre Länge wurde aus der Zeichnung von Gr. v. Roggen zu rd. 500 m ermittelt.

Die Brücke ist in neuerer Zeit verschiedentlich verändert worden, indem man für die Wasserversorgung der unterhalb der Brücke liegenden Mühlen einige Öffnungen kurzsichtig zugemauert hat, ohne sich dabei um die daraus für das ganze Bauwerk entstehenden Gefahren zu kümmern.

Bewässerungskanäle. Oberhalb der Stadt teilt sich der Karun in zwei Arme; der östliche heißt Gärgär- und der westliche Schoteit-Fluß, welche sich bei Bänd-e-Kir (Bänd-e-Ghir) wieder vereinigen. Den Raum zwischen diesen beiden Flüssen wollen wir mit Schuschtär-Insel bezeichnen. Der Ab-e-Dez ergießt sich ebenfalls bei Bänd-e-Ghir in den Karun (Abb. 48).

Etwa 300 m von der Brücke talaufwärts entfernt finden wir heute im Felsen, auf welchem die Zitadelle der Stadt erbaut ist, zwei Stollen, die nach kurzem Lauf (etwa 100 m) jenseits der Umwallung der Festung sich vereinigen, um zusammen den Minau-ab-Kanal zu bilden (Abb. 50). Dieser ist noch unter dem Namen Dariun oder Darabian[1] bekannt, da ihn der Sage nach Dareios graben ließ. Die beiden Stollen weisen eine Breite von 3,0—4,5 m auf und sind auf der einen Seite mit einem heute zum Teil eingestürzten Weg versehen. Die Sohlen der Stollen an der Einlaßöffnung sind als Überfallwehre ausgebildet, deren Kronen etwa in der Höhe des niedrigsten Wasserstandes liegen.

Der Dariun-Kanal teilt sich bei Bänd-e-Gek in zwei Arme; der Hauptzweig dringt in süd-östlicher Richtung bis etwa 33 km in das Innere der Schuschtär-Insel vor, seine Mündung soll bei Äräb-e-Hässän am linken Ufer des Schoteit-Flusses noch zu finden sein (Abb. 48).

Die Oberflächengestalt des Geländes gestattete, diesen Kanal dem Kamm eines Hügels entlang zu führen, von dem aus die nach dem Schoteit- und Gärgär-Fluß abfallenden Hänge in natürlichem Gefälle bewässert

E. Merlicek.
Abb. 51. Das Wehr und die Brücke von Schuschtär, errichtet von Schapur I. (242—272 n. d. Zw.).

werden konnten. Diese geschickte Wahl des Kanallaufes ist auch bei einigen anderen Kanälen zu beobachten. Der zweite Arm des Dariun-Kanals verläuft über Bänd-e-Gek und Läschkär-Brücke in einem Wildbach bis zum Gärgär-Fluß (Abb. 50). Bei Bänd-e-Gek finden wir eine Sperre, durch die der größte Teil des Wassers in dem Hauptkanal zurückgehalten wird. Der Rest fließt dann in dem zweiten Kanalarm dem Gärgär zu. Da dieser Kanalzweig in seinem ganzen Lauf einen Höhenunterschied von rd. 15,0 m zu überwinden hat, dienen die drei in seinem Bett errichteten Sperren sehr wahrscheinlich zur Verminderung der Wassergeschwindigkeit.

Gr. v. Roggen behauptet, daß der Dariun-Kanal älter sei als die Bauwerke, die Schahpur I. hier errichten ließ, was uns auch andererseits die Sage bestätigt. Da die Kronen der Überfallwehre seiner Einlaßöffnungen gegenwärtig in der Höhe des niedrigsten Wasserstandes liegen, zieht er dann daraus den Schluß, daß zur Versorgung dieses Kanals mit Wasser vor der Errichtung des Schahpur-Wehres hier unbedingt ein altes Wehr bestanden haben müßte. Schahpur I. hat dieses entweder ausgebessert oder es durch ein neues ersetzt.

Zwischen dem Dariun-Kanal und Schoteit-Fluß finden wir eine Mauer, welche die Aufgabe hatte, den Kanal vor Überschwemmungen und Geschiebeablagerungen des Flusses zu schützen. Die vor der vorhandenen Bresche dieses Deiches vorgebaute Mauer ist zur Zeit eingefallen, was die Auffüllung des Minau-ab-Kanals herbeigeführt hat.

Entstehung des heutigen Gärgär-Flusses. Das Gärgär-Bett östlich der Stadt Schuschtär stellte einst eine Schlucht dar, die, wie behauptet wird, zunächst mit dem Karun-Fluß in

---

[1] Nach Gr. v. Roggen soll dieser Kanal Dariam heißen und nach A. H. Schindler Dariun oder Darabian [*139*, S. 39].

gar keiner Verbindung stand. Nach dem Bau des Dariun-Kanals konnte man ihr die Überflußwassermengen dieses Kanals zuführen. Wie wir später noch sehen werden, hat man erst später zwischen dem Karun und der Gärgär-Schlucht den etwa 1,5 km langen Verbindungskanal (Gärgär-Kanal) ausgegraben, dem der heutige Gärgär-Fluß seine Entstehung zu verdanken hat.

Das Wehr von Bänd-e-Mizan (Abb. 52). Am Einlauf des Gärgär-Kanals befindet sich ein Wehr (*c*), welches eine solide Konstruktion aufweist und dessen Errichtung Schahpur I. zugeschrieben wird. Einige Autoren behaupten dagegen, daß es erst später

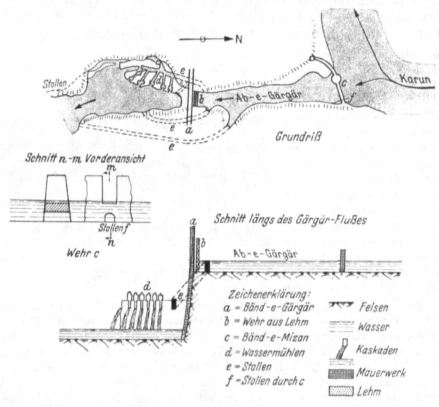

Abb. 52. Wehrbauten östlich der Stadt Schuschtär.   Nach Graat v. Roggen.

und zu dem Zweck gebaut sei, die Hochwässer des Karun vom Gärgär-Fluß fernzuhalten. Gr. v. Roggen tritt für die erste Behauptung ein, auf die wir später noch zurückkommen werden.

Dieses Wehr besitzt neun Öffnungen, deren Sohlen etwas tiefer als der niedrigste Wasserstand des Karun liegen. An seinem östlichen Ende finden wir weit unterhalb des niedrigsten Wasserstandes einen Stollen (*f*), von dessen Zweck weiter unten die Rede sein wird. A. H. Schindler bemerkt u. a., daß man durch das Wehr von Bänd-e-Mizan und den Stollen (*f*) die Regulierung der Wasserführung beider Karunarme so vornehmen kann, daß auf Schoteit $\frac{4}{6}$ und auf Gärgär $\frac{2}{6}$ der gesamten Karunwassermenge entfallen. Von diesen Sechsteln rühren auch die Namen 4-Dong[1] für den ersteren und 2-Dong für den letzteren her [*140*, S. 110].

Das Wehr von Bänd-e-Gärgär (Abb. 52). Etwa 500 m von Bänd-e-Mizan flußabwärts entfernt finden wir im Gärgär-Fluß ein weiteres Wehr (*a*) aus Ziegelmauerwerk, welches

---

[1] Die Sechstel-Teilung, genannt „Dong", ist heute besonders bei Grundstücken üblich.

seiner Bauart nach aus neuerer Zeit stammen muß. Unmittelbar vor diesem Wehr befindet sich ein zweites (b), welches aus Lehm besteht und seiner leichten Bauweise entsprechend anscheinend nur vorübergehenden Zwecken zu dienen hatte.

Drei in Sandstein gegrabene Stollen (e) verbinden das Oberwasser mit dem Unterwasser, einer von ihnen versorgt die unterhalb des Wehres liegenden Mühlen mit Betriebswasser. Ihr begrenzter Querschnitt gestattet, die Hochwassermengen gefahrlos abzuleiten, da sonst die kaskadenartig über das Wehr und Gelände hinwegströmenden Wassermassen die Existenz der Mühlen stark gefährden würden. Der Bau der drei Stollen und des aus Lehm bestehenden Dammes soll nach Gr. v. Roggen demselben Zweck dienen und daher auch gleichzeitig ausgeführt worden sein.

Die Pflasterung des Schoteit-Flusses vor der Stadtzitadelle. Viele Autoren behaupten, daß das Bett des Schoteit-Flusses vor der Stadtzitadelle mit großen Pflastersteinen, welche

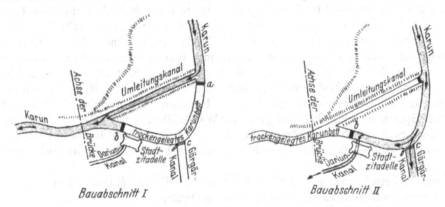

Abb. 53. Durchführung der Wasserbauarbeiten bei Schuschtär.   Nach Graat v. Roggen.

unter sich noch mit Metallklammern verankert sind, bedeckt sei. Gr. v. Roggen konnte sich von der Richtigkeit dieser Behauptung jedoch nicht überzeugen. A. H. Schindler führt dazu aus, daß man durch diese Maßnahme den Flußwasserspiegel um einige Meter heben und die Versorgung des Dariun-Kanals mit Wasser auch während der Trockenzeit sicherstellen konnte [*140*, S. 110].

Bauausführung. Das Programm der Wasserbauarbeiten Schahpur I. können wir zusammenfassen in: 1. Der Bau der Brücke und des Wehres, 2. die Pflasterung des Schoteit-Flusses.

Die Durchführung dieser Bauvorhaben konnte nach Gr. v. Roggen praktisch höchstwahrscheinlich wie folgt vor sich gehen, wobei zunächst zu bemerken ist, daß die Durchführung solcher großen Flußbauarbeiten — denn 60 km unterhalb Schuschtär schwankt die Flußbreite zwischen 200 und 300 m und die Wassertiefe zwischen 3 und 4 m — zu damaligen Zeiten (450 n. d. Zw.) ohne Trockenlegung des Flußbettes für die Dauer der Bauarbeiten nicht möglich war.

Bauabschnitt I (Abb. 53). Zu diesem Zweck hub man zunächst auf dem rechten Ufergelände den behelfsmäßigen Kanal (d) aus, dessen Massen auf beiden Seiten zu Dämmen aufgeschüttet wurden, die wir noch heute vorfinden. Daraufhin wurde der Damm (a) aus Sand, Kies und Lehm geschüttet, die Karunwasser konnten dann längs des neuen Kanals zu Tal fließen.

Das alte Wehr (b) neben der Zitadelle, deren Errichtung von Dareios vorgenommen zu sein scheint, hatte hierbei die Aufgabe, das Eindringen des Wassers in diesen Bauabschnitt zu verhindern, obwohl wir annehmen müssen, daß er bereits teilweise verfallen war. Ferner muß der Aushub des Gärgär-Kanals zur Verbindung des Karun mit der Gärgär-Schlucht östlich der Stadt zu dieser Zeit geschehen sein, ebenso der Bau des Wehres von Bänd-e-Mizän. Der Stollen (f) (s. das Wehr von Bänd-e-Gärgär, Abb. 52) hatte für die Ableitung der sich in der Baustelle ansammelnden Wassermengen zu sorgen, wozu man die Flußsohle nach dem Stollen hin entwässern mußte. Auf diese Weise konnte man die Pflasterung des Flußbettes vornehmen. Der Ausbau der Einläufe der beiden Stollen unter der Zitadelle gehört ebenfalls in diesen Bauabschnitt. Während der Dauer dieser Bauarbeiten lag der Dariun-Kanal trocken. Das war der einzige Nachteil, den man dabei in Kauf nehmen mußte.

Bauabschnitt II, Errichtung der Schuschtär-Brücke (Abb. 53). Hierzu mußte zunächst der behelfsmäßige Damm (*a*) beseitigt werden, wobei der Damm (*b*) noch bestehen blieb. Die Karunwasser überfluteten dann den bereits fertig gestellten Abschnitt I und ergossen sich durch die Öffnungen des Bänd-e-Mizan-Wehres in die Gärgär-Schlucht; ein Teil davon versorgte nunmehr auch den Minau-ab-Kanal. Die Beseitigung des Dammes (*a*) wurde wahrscheinlich teilweise mit der Hand und teilweise durch die Wasserfluten selbst vorgenommen.

Um den Schoteit-Fluß trockenzulegen, schüttete man am Einlauf des Kanals (*d*) den Damm (*e*), der das Eindringen des Karunwassers in den zweiten Bauabschnitt verhinderte. Danach konnte erst der Bau der Brücke und des Wehres beginnen. Da der Gärgär-Fluß während der Bauarbeiten der Brücke die gesamte Wassermenge des Karun aufzunehmen hatte, müßte also diese größere Wasserführung in seinem Bett sichtbare Spuren hinterlassen haben. Diese Überlegung veranlaßte den Forscher Gr. v. Roggen, eine Untersuchung des Flußbettes von Gärgär in dieser Richtung vorzunehmen. Er hat auch tatsächlich Spuren dieser früher viel größeren Wasserführung des Gärgär-Flusses an verschiedenen Stellen feststellen können; bei Schelli soll die frühere Breite des Hochwasserbettes etwa 1500—2000 m betragen haben, wo die heutige Flußbreite nicht mehr als 30—40 m mißt.

Nach der Beendigung dieser Bauarbeiten wurde der Damm (*b*) beseitigt und die Verhältnisse waren dann dieselben, wie wir sie heute vorfinden.

Sollte das Wehr von Bänd-e-Mizan später als diese Bauarbeiten ausgeführt worden sein, so hätte dies teilweise unter Wasser geschehen müssen, was wir für die Zeit seiner Errichtung kaum annehmen können.

Es ist wahrscheinlich, daß diese Arbeiten nicht im Laufe eines Sommers durchgeführt werden konnten, sondern daß sie oft unterbrochen und nach Ablauf der Hochwässer, welche unter Umständen noch eine Überschwemmung der Baustelle herbeigeführt hatten, wieder aufgenommen werden mußten.

Es wird überliefert, daß Schahpur I. der seit langem sich mit diesen Bauplänen befaßte nach seinem Sieg von Epuda (260 n. d. Zw.) über den Kaiser Valerian ihn und viele andere Römer bei der Durchführung seiner Bauvorhaben zur Zwangsarbeit verurteilt hatte [*81*, S. 40].

Aus der Abb. 50 ist die Lage des bereits früher erwähnten Kärises, dessen Bau ebenfalls der sassanidischen Epoche zuzuschreiben ist, zu entnehmen.

d) Wasserwirtschaftliche Bauten bei Dezful. Die Dezful-Brücke sieht viel massiver aus als die von Schuschtär. Sie besteht aus 22 Bögen; einige ihrer Pfeiler stammen aus neuerer Zeit. Die Hochwässer des Jahres 1903 hatten infolge ihrer großen Heftigkeit eine Zerstörung der Brücke durch Fortschwemmen eines Pfeilers zur Folge gehabt.

Abgesehen von kleinen Abweichungen, die an den Enden der Brücke festzustellen und auf die Ausbesserungen in neuerer Zeit zurückzuführen sind, verläuft die Achse der Brücke gerade. Der Überbau ist an vielen Stellen ausgebessert worden, wobei es nicht schwer fällt, diese nachträgliche Arbeit von der ursprünglichen auseinanderzuhalten. Vom Wehr ist heute nichts weiter als einige Reste übrig geblieben.

Die bloßgelegten Konglomeratschichten des Untergrundes waren nach dem Verschwinden der schützenden Fundamentmauer der allmählichen Verwitterung ausgesetzt, auf deren Wirkungen an anderer Stelle hingewiesen wurde.

Die Wehrkrone liegt etwa 3 m über dem niedrigsten Wasserstand. An beiden Ufern beobachten wir eine Reihe von Bewässerungskanälen, deren Einläufe bzw. Anfangsstrecken oft aus kurzen Stollen bestehen. Auch alte Kärisbauten werden hier angetroffen. Gegenwärtig sind die Stollen teilweise eingestürzt und die Kanäle so weit aufgefüllt, daß ihre Sohlen rd. 10 m über den ursprünglichen stehen. Die Kanäle besitzen oben eine Breite von 15 m, während die Stollen etwa 3 m breit sind.

e) **Wasserwirtschaftliche Bauten bei Pai-e-Pol.** Von der Pai-e-Pol-Brücke sind heute auf der linken Uferseite nur die Ruinen von 16 Pfeilern zu sehen, deren Höhen über dem Gelände zwischen 0,8 und 8,0 m schwanken. Zwischen den Pfeilern ist der Wehrkörper fast restlos verschwunden. Die Wehrkrone stand rd. 4,0 m über dem niedrigsten Wasserstand. Die Flußbreite beträgt hier beim niedrigsten Wasserstand etwa 60 m.

Es würde zu weit führen, die in der Ebene von Pai-e-Pol befindlichen Kanäle und Stollen näher zu behandeln. Es sei lediglich darauf hingewiesen, daß Gr. v. Roggen für einen dieser Kanäle ein Alter von 3400 Jahren ermittelte. Ferner stellte er fest, daß die Verlandung eines hier von Schahpur I. gegrabenen Kanals im Jahre 1060 n. d. Zw. bereits die Höhe des aufgestauten Flußwasserspiegels erreicht hatte und folglich kein Wasser mehr fassen konnte.

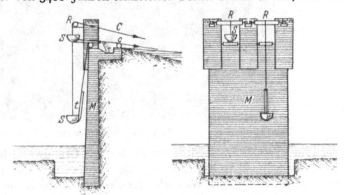

Abb. 54. Wasserhebeeinrichtung genannt „Tschah-Ab". Nach Graat v. Roggen

f) **Wasserwirtschaftliche Bauten zwischen Kärkhe und Ähwaz.** In der Ebene zwischen Kärkhe und Ähwaz finden wir Spuren einer großen Reihe von Kanälen vor, über deren Alter man nichts Genaues angeben kann; genau so wenig kann man auch mit den bestehenden Legenden etwas anfangen. Diese Kanäle sowie alle anderen sind in Abb. 48 eingetragen.

Aus den gegenwärtigen Abmessungen zweier Kanäle, die vom Schaur-Fluß gespeist wurden, sowie aus den Abmessungen dieses Flusses selbst, schließt Gr. v. Roggen, daß der Schaur-Fluß früher viel mehr Wasser geführt haben muß als heute. Es ist also höchstwahrscheinlich, daß man die Kärkhewasser mittels eines Wehres in diesen geleitet hatte. Dieses Wehr ist im Laufe der Geschichte verschwunden und der Kärkhe-Fluß fließt seitdem nutzlos dem Hawizeh-Sumpf zu (Abb. 48); auch geschichtliche Überlieferungen bestätigen diese Vermutung. Da die Kanäle auch hier längs eines Hügelkammes geführt waren, konnten die beiden Hänge nach Kärkhe und Ab-e-Dez zu leicht bewässert werden.

g) **Wasserwirtschaftliche Bauten bei Ähwaz.** Auf den Sandsteinriffen im Flußbett des Karun bei Ähwaz findet man heute die Reste eines alten Wehres, welches aus Sandsteinmauerwerk bestand und eine Länge von rd. 900 m besaß. Hiermit wurde ein Aufstau des Karunwassers um 3 m über seinem niedrigsten Wasserstand ermöglicht. An beiden Ufern nahm je ein großer Bewässerungskanal seinen Ursprung. Der auf der rechten Uferseite liegende Kanal bewässerte die Ebene zwischen Mohämmäreh (Khorrämschähr) und Hawizeh, von dessen Spuren man heute jedoch sehr wenig sieht; die Größe seines Einlaufbauwerkes weist aber klar auf seinen früheren Umfang hin. Der linksseitige Kanal beginnt nördlich der Stadt, in der Nähe des Einlaufes besitzt er eine Sohlenbreite von 70 m, welche gegenwärtig 5 m über der Höhe des Flußbettes liegt.

Das Alter des Ähwaz-Wehres kann man nicht genau angeben; seine Standfestigkeit und die Regelmäßigkeit seiner Bauweise zwingen uns jedoch, seine Errichtung in die Zeit der Sassanidenherrschaft zu verlegen, wo die Kunst des Wasserbaues eine hohe war.

4. Wasserhebeeinrichtungen genannt „Tschah-Ab" (Abb. 54—57).

Dort wo der Wasserspiegel tiefer lag als die zu bewässernde Fläche, mußte das Wasser künstlich gehoben werden. Die heute in Südiran überall anzutreffende Schöpfvorrichtung,

Abb. 55, Wasserhebeeinrichtung „Tschah-Ab".

genannt „Tschah-Ab", welche zur Fluß- sowie Grundwasserhebung benutzt werden kann, ist so einfach und vollkommen, daß sie höchstwahrscheinlich auch im Altertum bekannt war, genau so wie die Wasserhebeeinrichtungen Ägyptens im Altertum (Schaduf und

Abb. 56. Wasserhebeeinrichtung „Tschah-Ab".

Noria) noch heute Verwendung finden. Der Tschah-Ab ist besonders in Arabien verbreitet. Seine Arbeitsweise geht aus Abb. 54—56 klar hervor.

5. Schlußfolgerungen.

Vom Standpunkt der modernen Technik kann über die wasserwirtschaftlichen Anlagen der vorislamischen Epoche zusammenfassend folgendes bemerkt werden:

Die Vereinigung des Verkehrs- und Bewässerungsproblems zu einem einzigen, dessen Lösung dann durch die besprochenen Bauwerke aufs beste erreicht wurde, weist klar auf ein hohes technisches Denken der Erbauer dieser Anlagen hin.

Bei der Linienführung der Kanäle wußte man die Geländeverhältnisse ganz geschickt auszunutzen. Der Bau der Kanäle weist dagegen einen technischen Fehler auf; man hatte nämlich fast überall die Böschungen sehr steil gewählt (3:1), so daß im Laufe der Zeit oft Böschungsrutschungen eingetreten sind und die Kanäle verschüttet haben.

Bei mehreren Bewässerungskanälen bestand der Einlauf aus einem Stollen, dessen verhältnismäßig kleiner Querschnitt am Ende plötzlich in den großen Querschnitt der

Aus: Im weltentfernten Orient.

Abb. 57. Ochsenziehbrunnen nach dem Tschah-Ab-System. Die schiefe Ebene ist hier anmutig mit Kürbisgewächsen gegen die glühende Sonne Südirans geschützt.

Kanäle überging. Folglich mußte sich die Wassergeschwindigkeit beträchtlich verringern, wobei dann die vom Wasser mitgeführten Schwebestoffe zur Ablagerung kommen konnten. Auch diese Erscheinung kann bei der Auffüllung der Bewässerungskanäle mitgewirkt haben. Die im ursprünglichen Zustand sehr dauerhaft gebauten Wehre sind ferner mangels sorgfältiger Pflege allmählich verfallen. Die Sohlen der Bewässerungskanäle liegen gegenwärtig weit über dem niedrigsten Wasserstand der Flüsse, so daß sie kein Wasser mehr fassen können. Der Baustoff ist überall von sehr guter Beschaffenheit. Stollenbauten sind außer bei den Kärisen also auch bei anderen altertümlichen Wasserbauten Irans verwendet worden.

II. Die islamische Wasserwirtschaft (640—1925 n. d. Zw.).

Für den Verfall der großartigen Bewässerungsanlagen des Altertums sowie für den Rückgang der Kunst des Wasserbaues während der islamischen Epoche müssen wir hauptsächlich die politischen Ereignisse mit ihren moralischen Nachwirkungen auf die Iranier verantwortlich machen. Nach der glorreichen Herrschaft der Sassaniden hatte Iran nämlich in gewissen Zeitabständen unter schweren Einfällen der Araber, Mongolen, Tataren usw. zu leiden, die u. a. stets, sei es mittelbar oder unmittelbar, eine Zerstörung seiner Bewässerungsanlagen zur Folge hatten.

Nur vorübergehend konnte die Wasserwirtschaft durch einen Monarchen oder Fürsten einen örtlichen oder allgemeinen Wiederaufstieg finden, z. B. erfuhr die Wasserwirtschaft unter Schah-Abbas dem Großen (1587—1629) aus der Safawiden-Dynastie einen bedeutsamen Aufschwung.

Im nachfolgenden wollen wir einige der wichtigsten wasserwirtschaftlichen Anlagen dieser Zeitspanne wiedergeben, die aus Reisebeschreibungen oder anderen Quellen zusammengestellt sind. Ihre ausführliche Behandlung und Beurteilung bedarf jedoch eines eingehenden Studiums der Bauwerke selbst, was bis jetzt noch nicht geschehen ist.

64 Die islamische Wasserwirtschaft (640—1925 n. d. Zw.).

A. Kärise und Wasserhebeeinrichtungen.

Sie wurden im vorigen Abschnitt ausführlich behandelt und gehören auch zu den wasserwirtschaftlichen Anlagen dieses sowie des nächsten Abschnittes (III).

B. Stauanlagen.

1. Bänd-e-Ämir in Pars.

In Pars ließ Azod-od-Doule (949—983 n. d. Zw.), ein bedeutender Vertreter der Buijden-Herrschaft, am Kor-Fluß eine Talsperre errichten, die aus Steinquadern und Bei als Verbindungsmittel besteht und weitbekannt geworden ist [*89*].

2. Bänd-e-Rostäm im Hilmänd (Zabolestan).

Vor dem Jahre 1363 befand sich am Hilmänd-Fluß in Zabolestan ein Staudamm genannt Bänd-e-Rostam. Er wurde von dem grausamen Tataren Timur (1370—1405) als Sühne für seine hier erlittene Hand- und Fußverletzung zerstört, seine Reste sind noch heute vorzufinden [*89*]

3. Drei Staudämme im Zajändeh-Rud.

Laut Angaben von Lord Curzon [*24*] sollen am Laufe des Sajändeh-Rud drei Staudämme bestanden haben, die zur Zeit teilweise oder vollständig zerstört sind [*62*, S. 5].

4. Staudamm zur Bewässerung von Kaschan.

In der Schlucht von Kohrud, 82 km nordwestlich von Esfehan befindet sich ein Staudamm, der von Schah Äbbas erbaut ist und zur Bewässerung von Kaschan gedient hat. Der höchst dauerhafte Damm ist 30 m lang, 36 m hoch und 4,5—6,0 m stark. Das Wasser wird einer einzigen Öffnung am Fuße des Dammes entnommen [*1*, S. 10].

5. Staudamm bei Saweh.

Bei Saweh, etwa 125 km südwestlich von Teheran treffen wir in einer 40 m breiten Talenge eine von Schah-Äbbas sehr dauerhaft erbaute Talsperre an, die aus mächtigen Blöcken und gutem Mörtel besteht. Das Bauwerk ist leider nicht unmittelbar auf Felsen gegründet, sondern auf durchlässigen Ablagerungen des Flusses, so daß dieser sich unter dem Damm einen neuen Weg gebahnt hat [*1*, S. 10].

6. Bänd-e-Fereidun (Khorassan).

Etwa 60 km südöstlich von Mäschhäd finden wir den Staudamm Bänd-e-Fereidun, der 100 Schritt lang und oben 10 Schritt breit ist. Er besteht aus festem Mauerwerk von Steinen und gebrannten Ziegeln, zusammengefügt mit einem eisenharten Mörtel. Mehrere gemauerte Stollen verbinden am Fuße des Dammes das Ober- mit dem Unterwasser[1] [*1*, S. 10].

7. Staudamm bei Mäschhäd (Khorassan).

90 km nordwestlich von Mäschhäd befindet sich ein Staudamm von vortrefflichem Mauerwerk, 250 Schritt lang, oben 23 Schritt breit und 15 m hoch. Zum Abfluß des Wassers dienen vier Stollen. Er soll von Bai Sunkur, dem Sohne Schahrokhs, erbaut sein [*1*, S. 10].

8. Staudamm bei Äschräf (Mazändären).

In der Nähe von Äschräf (Mazändäran) befindet sich ein von Schah-Äbbas erbauter Staudamm, um das Wasser eines Bergflusses aufzustauen [*1*, S. 107].

---

[1] Der Hesam-äl-Sältäneh ließ das im Laufe der Zeit verfallene Bauwerk durch das Regiment von Gärrus unter der Aufsicht von Djafar Gholi Mirza ausbessern, als er sich im Winter 1862 zur Beobachtung der Belagerung von Härat durch den Amir Dost Mohämmäd mit einer Armee in Ghälanderabad befand [*1*, S. 10].

C. Randflußanzapfungen.

Das Binnenhochland mit seinen großen fruchtbaren Kulturflächen leidet am meisten unter Wassermangel. Zur Behebung dieser Wassernot wollte man folgende Randflüsse anzapfen und nach dem Binnenhochland führen.

1. Ab-e-Kuhräng-Plan.[1]

Zajändeh-Rud und Ab-e-Kuhräng (Quellfluß des Karun) entspringen beide im Zärdeh-Kuh westlich von Esfehan und laufen zueinander parallel.

Die Frage, das Kuhräng-Wasser mit Zajändeh-Rud zu verbinden, wurde zuerst zur Zeit Schah-Tähmasp (1524—1576) erwogen [62]. Nach ihm beschloß Schah-Äbbas der Große (1587—1629), diese beiden Flüsse durch einen 2,8 km langen Stollen miteinander zu verbinden. Dieser geniale Herrscher unterließ es sogar nicht, selbst zur Baustelle zu fahren und sich vom Fortgang der Bauarbeiten zu überzeugen. Der Stollen konnte zu seiner Zeit nur teilweise fertiggestellt werden, nach seinem Tode wurden die Bauarbeiten jedoch nicht mehr fortgeführt.

2. Schahrud-Plan.

Um die fruchtbare Ebene von Ghäzwin zu bewässern, hegte man seit jeher den Plan, den Schahrud (rechter Nebenfluß des Sefid-Rud) nach Ghäzwin umzuleiten. Der bekannte Geologe A. F. Stahl erwähnt im Jahre 1907 dieses Vorhaben und macht dabei auf einige Schwierigkeiten der Ausführung dieses Planes aufmerksam [149]. Es ist sehr wahrscheinlich, daß dieses Projekt auch aus der Zeit der Safawidenherrschaft stammt.

D. Zisternen.

Aus der Zeit Schah-Äbbas stammen noch eine Reihe von Schöpfbrunnen und unterirdischen Zisternen, teilweise bis 100 000 m³ Fassungsvermögen. Sie sind oft an Karawanenstraßen oder in den Dörfern sehr zweckmäßig angeordnet (Abb. 10 und 58).

Dr. Kronecker.
Abb. 58. Schöpfbrunnen aus der Zeit Schah-Äbbas (1587—1629), kegelförmig überdeckt und gut ventiliert.

III. Die gegenwärtige Wasserwirtschaft unter Reza Schah Pählawi (ab 1925).

Seit 1925 hat auch die Wasserwirtschaft Irans eine neue Wendung erfahren. Zielbewußt werden die alten und verfallenen Anlagen ausgebessert, neue errichtet oder geplant. Hier sollen einige von ihnen erwähnt werden.

A. Kärise.

Kärise, welche sich Jahrtausende hindurch bewährt haben, sind noch heute als der Hauptbestandteil der gegenwärtigen künstlichen Bewässerungsanlagen Irans zu betrachten,

---

[1] F. Hartung [72, S. 14] schreibt irrtümlicherweise die Idee dieses Planes der heutigen Zeit zu.

da noch der größte Teil der Kulturen mit Käriswasser versorgt wird. Jedoch kann man beobachten, daß die Kärisanlagen mit ihren hohen Anlage- und ständigen Instandhaltungskosten allmählich hinter den modernen Wassergewinnungsmethoden (Pumpen, Stauanlagen, artesische Brunnen usw.) zurückbleiben. Im 4. Teil werden alle wirtschaftlichen und technischen Vor- bzw. Nachteile der Kärise untersucht werden, um zu ihrer bautechnischen Verbesserung neue Vorschläge zu machen.

B. Stauanlagen.

1. Der Bänd-e-Ämir (Staudamm) wird zur Zeit ausgebessert und soll demnächst in Betrieb genommen werden.

2. Die Wiederherstellung des Bänd-e-Esfärdjan, eines der drei alten Staudämme am Zajändeh-Rud, ist im Gange.

3. Bau eines Wehres und eines Stollens am Marun-Fluß (in der Provinz Fars), welches den Distrikt Behbehan mit einer Wassermenge von 3 m³/s versorgen soll [40].

Abb. 59. Moderne Pumpwerke am Karun.   Aus: Iran, das neue Persien.

4. Das Wehr im Räwansär-Fluß (bei Kermanschah) ist inzwischen fertiggestellt und dem Betrieb übergeben worden.

5. Planung und Ausführung von neuen Wehrbauten am Kärkhe, Karun und Ab-e-Dez [45].

6. In der Provinz Khorassan sind vier verschiedene Talsperren, deren Stauinhalt sich zwischen 4 und 30 Mill. m³ bewegt, im Bau begriffen. Außerdem sollen zwei alte Staudämme ausgebessert und erhöht werden [39].

C. Pumpwerke.

Am Karun-Fluß hat man bisher versuchsweise mehrere Pumpwerke errichtet (Abb. 59). Pumpen zur Einzelwasserversorgung gewinnen allmählich immer mehr an Bedeutung, sie werden jedoch wahrscheinlich erst nach der Industrialisierung des Landes einen größeren Umfang annehmen.

D. Artesische Brunnen.

Auf diese Methode der Wassergewinnung setzt man gegenwärtig große Hoffnungen. Die vor einigen Jahren unternommenen Versuchsbohrungen bei Teheran [115, 148, S. 2] und Jäzd [60, S. 16] sind jedoch fehlgeschlagen. Vor kurzem stieß man in der Lagune von Pähläwi bei Hafenbauarbeiten auf gespanntes Wasser, dessen Vorkommen wir uns wie folgt erklären können:

Ein beim Bau eines Krankenhauses in Mazändäran aufgenommenes Bodenprofil, welches auch für andere Gebiete der Kaspiniederung gelten könnte, wies folgende Bodenverhältnisse auf [*178*]:

Tiefe:	Bodenarten:
0,00— 0,40 m	leicht humoser Lehm
0,40—15,00 m	gelber, feinsandiger, lößartiger Lehm
15,00—15,50 m	durch Schlick verfestigte, kleine Kalkgerölle
15,50—?	wasserführender, stark kalkhaltiger Feinsand.

Die in 15,50 m anstehenden wasserführenden Sandschichten setzen sich anscheinend auch unter dem Meeresboden fort. Wahrscheinlich ist bei Rammung bis in diese Schichten das unter Druck stehende Wasser zutage getreten.

E. Randflußanzapfungen.

Die früher erwähnten Randflußanzapfungen, zu denen noch das Lar-Projekt hinzukommt [*72*, S. 14], werden gegenwärtig technisch und wirtschaftlich untersucht. Da die fruchtbare Ebene von Teheran unter Wassermangel leidet, beabsichtigt man den Lahrsowie den Djadjerud-Fluß nach Teheran umzuleiten [*72*].

4. Teil

Die zukünftige Wasserwirtschaft Irans.

I. Aufgabe und Ziel.

Im zweiten Teil dieser Arbeit haben wir die Bedeutung der Wasserwirtschaft für die gesamte Volkswirtschaft Irans kennengelernt. In diesem Kapitel wollen wir uns nun mit den Aufgaben einer geregelten iranischen Wasserwirtschaft im einzelnen befassen.

„Aufgabe und Ziel der Wasserwirtschaft ist es, den Wassernutzungsgrad überall und jederzeit im Einklang mit den menschlichen Bedürfnissen und ihren teilweise einander widerstreitenden Nutzungsgebieten zu einem im ganzen größtmöglichen zu machen und jederzeit und allerorts auf dieser Höhe zu erhalten" [*108*]. Die Forderung des größtmöglichen Wasserwirkungsgrades ist in Iran um so dringender, als das Wasser hier erst unter großem Arbeits- und Kostenaufwand meist aus den Tiefen der Erde gewonnen werden muß.

Die eigentümlichen geologischen und klimatologischen Verhältnisse des Iranischen Hochlandes machen es erforderlich, bei allgemeinen wasserwirtschaftlichen Fragen noch eine Reihe von zusätzlichen Aufgaben zu berücksichtigen, welche mit der Landeskultur und Wasserwirtschaft unmittelbar in Zusammenhang stehen und im folgenden behandelt werden sollen.

A. Austrocknung Irans in geschichtlicher Zeit.

Die Frage der allmählichen Austrocknung Afrikas, Mittel- und Vorderasiens war bisher oft der Gegenstand ausführlicher Abhandlungen[1]. Wie im geologischen und klimatischen Abschnitt erwähnt wurde, fehlt es jedoch überall an sicheren Beweismitteln, um eine seit geschichtlicher Zeit fortschreitende Klimaänderung einwandfrei beweisen zu können [*18*]. Bezüglich Irans geht O. v. Niedermayer in seiner Arbeit ausführlich auf dieses Problem ein und behauptet, daß die Ruinen u. a. auf die Zerstörung feindlicher Eroberer zurückzuführen sind. Auch das Versiegen und die Versalzung der unterirdischen Wasserläufe sollen den Untergang mancher blühenden Ortschaft herbeigeführt haben. Wie bereits an anderer Stelle erwähnt, halte ich diese Auffassung für zutreffend und möchte noch hinzufügen, daß der Rückgang der alten hohen Kultur Irans und seiner Bevölkerungszahl während des Mittelalters und der Nachzeit überwiegend auf die Einfälle und die damit oft verbundenen allgemeinen Massakrierungen, Verfolgungen und Vertreibungen der Bewohner durch die fremden Eindringlinge, sowie durch die ziellose Verwaltung und Mißwirtschaft mancher Herrscher hervorgerufen worden ist, denn die großartigen Bewässerungsanlagen der Ebene von Susa, bei Persepolis und an vielen anderen Stellen sind entweder durch unmittelbare Zerstörungen oder durch mangelnde Unterhaltung verfallen.

Sorgfältige Pflege und Unterhaltung der bestehenden Bewässerungsanlagen ist also zu jeder Zeit eine der wichtigsten Aufgaben der Wasserwirtschaft, da ihre Nichtachtung für die Zukunft die gleichen schwerwiegenden Folgen mit sich führen würde. Um diesen oder ähnlichen Gefahren vorzubeugen, müssen wir daher für diese lebenswichtigen Anlagen die größtmögliche Lebensdauer und Betriebssicherheit bei möglichst geringen Unterhaltungsarbeiten fordern.

---

[1] Siehe u. a. [*7, 11, 30, 75, 83, 100, 120, 121, 155, 165, 169*].

B. Versalzungsgefahr und ihre Bekämpfung.

Infolge der großen Verbreitung der miocänen Salzformationen zeigt der Boden Irans fast überall Neigung zur Versalzung. Diese tritt ein, wenn das salzhaltige Wasser an der Erdoberfläche verdunstet und den Salzgehalt zurückläßt. Die miocänen Salzformationen können wir als das geologische Unglück Irans betrachten, da sie die Urquelle des Salzgehaltes aller Flüsse und des Grundwassers bilden. Große Flächen des Landes sind der vollständigen Versalzung anheimgefallen. Diese an sich meist sehr fruchtbaren Böden könnten nötigenfalls durch Auswaschung wieder kulturfähig gemacht, und ihre weitere Versalzung kann durch eine Reihe von Maßnahmen bekämpft werden. Die Art der Bewässerung der Kulturen darf diese pflanzenfeindliche Bildung nicht begünstigen.

Der Salzgehalt der Flüsse kann während der Trockenzeit allmählich so hoch ansteigen, daß er zur vollständigen Unbrauchbarkeit des Flußwassers führt; er rührt entweder von der Aufnahme stark salzhaltigen Grundwassers oder von der unmittelbaren Auslaugung der Salzformationen her. Nach Woeikof sollen z. B. die turkistanischen Gewässer im Winter, wo sie auf Grundwasser angewiesen sind, stark salzhaltig sein; im Sommer, wo sie zum größten Teil von der Schneeschmelze gespeist werden, dagegen keinen merkbaren Salzgehalt aufweisen [*190*, S. 341]. Diese Erscheinung zwingt uns, vor der Planung der Bewässerungsanlagen die geologischen Verhältnisse der Staubecken auch nach dieser Richtung hin genau zu untersuchen. Ist es möglich, in dem Einzugsgebiet eines Flusses mit wechselndem Salzgehalt einen geregelten Abfluß der nicht oder sehr wenig salzhaltigen Wassermengen durch Anordnung von Talsperren herbeizuführen, so kann man dann durch Vergrößerung der Niedrigwassermengen während der Trockenzeit den starken Salzgehalt des Flußwassers herabsetzen, um es auf diese Weise für Bewässerungszwecke nutzbar zu machen. Daraus folgt, daß hier außer den allgemeinen für den Bau von Stauanlagen zu berücksichtigenden wirtschaftlichen, technischen und sonstigen Fragen noch neue Forderungen hinzukommen, deren Nichtachtung sehr unangenehme Folgen haben kann. Die Russen haben z. B. am Araxes große Bewässerungsanlagen gebaut, die vollkommener Versalzung anheimfielen, da man gleichzeitig nicht für kräftige Entwässerung gesorgt hatte. Hierüber hat Prof. Ludin für die UdSSR. auf Grund einer Bereisung des Araxesflusses ein Gutachten abgegeben [*72*, S. 13].

C. Die Wiederbewaldung des Landes.

1. Die gegenwärtigen Waldbestände.

An den Nordhängen des Elburs-Gebirges ist heute ein Urwaldbestand von schätzungsweise 6—7 Mill. ha vorhanden (Abb. 4). Im Süden und Westen sind noch einige kleinere Bestände zu verzeichnen, so daß man den Gesamtbestand mit etwa 8 Mill. ha annehmen kann, was etwa 5% der Gesamtfläche Irans ausmacht [*5*, S. 118; *99*, S. 418].

Infolge eines jahrhundertelangen Raubbaues ist der früher zweifellos weit größere Waldbestand bis auf den heutigen Umfang zusammengeschrumpft. Wie weit Irans gegenwärtig kahle Landschaften früher bewaldet waren, läßt sich jedoch ohne weiteres nicht angeben. Wir können aber annehmen, daß viele Täler des Binnenhochlandes früher eine geschlossene Pflanzendecke aufwiesen.

Die sinnlose Ausrodung des Waldes ist seit einigen Jahren durch Maßnahmen der Regierung teilweise unterbunden, die gleichzeitig noch Schritte unternimmt, um dieses früher begangene Verbrechen am Volkseigentum wieder gutzumachen. Die neuerwachte iranische Jugend geht dabei ihren Ahnen folgend mit gutem Beispiel voran (Fest des Baumes, s. [*81*, S. 120]).

Ferner sind fast alle Dünenlandschaften Irans mehr oder weniger dicht mit Saxausträuchern bewachsen, die wegen ihres großen Heizwertes von ihren Umwohnern rücksichtslos ausgerodet werden (Abb. 13 und 14) [*61*, S. 71, 84, 124, 126, 133]. Diese kurzsichtige Tat ruft zweifellos das Wandern der Dünen hervor oder beschleunigt es zu mindest,

womit dann das Schicksal der umliegenden Dörfer und Städte besiegelt wird. Der Schutz
und die Pflege dieser Bewachsungen sind als Sicherheit für das Leben umliegender Ortschaften von größter Wichtigkeit. Auhagen, der diese Erscheinungen auch in Transkaspien beobachtete, widmet sich ihr in seiner Arbeit ziemlich ausführlich [4, S. 2]. Er
hebt besonders die Schutzwirkung sowie den Nutzwert dieser Bewachsungen hervor, die
gewiß auch für die Dünenlandschaften Irans zutreffen.

2. Schutz der bestehenden Waldbestände, die Wiederbewaldung und die Auswirkungen dieser Maßnahmen auf das Klima, die Wasserwirtschaft und Landeskultur.

Eine der wichtigsten Aufgaben der zukünftigen Wasserwirtschaft ist ferner die Wiederbewaldung größerer Flächen und — bei dem Mangel an billigen Brennstoffen — der Erlaß
scharfer Wald- und Dünenschutzgesetze, um eine Wiederholung der Waldverwüstungen
und die Gefährdung der zentralen Ortschaften durch die Dünen unmöglich zu machen. Die
Wiederbewaldung ist von den Bodenverhältnissen abhängig. In den Tälern sind die Bedingungen dafür eher gegeben als auf den Gebirgen und Hängen, wo heute keine Spur
früherer Bodenbildungen angetroffen wird.

Als Auswirkungen des Waldes auf das Klima seien kurz erwähnt: Verhinderung der
Entstehung sehr hoher Bodentemperaturen, Verminderung der Verdunstung, Hemmung
der Luftbewegung und, wenn auch in geringem Maße, die Erhöhung der Luftfeuchtigkeit;
der Einfluß des Waldes auf die Niederschlagsmenge ist eine viel untersuchte und strittige
Sache; inwieweit er die Menge der Niederschläge steigern kann, läßt sich nicht genügend
beantworten [71, S. 196, 197].

Auf die Wasserwirtschaft und Landeskultur wirkt sich der Wald insofern günstig aus,
als er die Auswaschung des Bodens verhindert, den Abfluß verzögert und folglich einen
großen Schutz gegen Hochwassergefahr bietet. Er bildet ferner mit den in der Landschaft verankerten Feldhecken einen wirksamen Schutz gegen den uneingeschränkten
Einfluß der Winde.

In Iran muß man für die Wiederbewaldung möglichst solche Pflanzenarten wählen, die
neben einer kleinen Verdunstungsfläche noch sehr wenig Wasser für ihr eigenes Leben
brauchen.

Da der Grundwasserspiegel oft tief unter der Erdoberfläche liegt, muß er zunächst
künstlich gehoben werden, was wir nur mittels Grundsperren erreichen können.

D. Vermehrung ständig fließender Flüsse.

Periodische Flüsse treffen wir diesseits sowie jenseits der Hauptwasserscheide des
Iranischen Hochlandes oft an. Gelingt es der Wasserwirtschaft, diese zu ständig fließenden Flüssen zu machen, so wird damit eine sehr wichtige Grundlage für die Entstehung
neuer Kulturen oder für die Weiterentwicklung der bestehenden Wirtschaftsgebiete geschaffen werden.

F. Sparsame Wasserbewirtschaftung.

Auf allen Gebieten der Wasserwirtschaft muß Wasserverschwendung vermieden werden.
In dieser Hinsicht hätte man die seit jeher in Iran üblichen Bewässerungsverfahren einer
kritischen Untersuchung zu unterziehen und die Landbevölkerung über die wassersparenden
Verfahren der Bewässerung und des Ackerbaues aufzuklären. In Iran unterscheidet man
zwischen Flächen- und Furchenbewässerung. Die zum Pflügen bestimmten Felder werden
wegen einer leichteren Bearbeitung zunächst eingeschlemmt. Zwecks Wasserersparnis
schlägt. B. Laupert vor, das neuartige Bewässerungssystem (Maulwurfs- oder unterirdische Bewässerung), in Iran anzuwenden [99, S. 422]. Bei der Wahl neuer Bewässerungsverfahren muß man immer auf die Gefahren der Bodenversalzung besonders Rücksicht
nehmen, da das mehr oder weniger salzhaltige Wasser dem Boden jährlich große Salz-
mengen zuführen kann; in Ägypten betragen diese z. B. über 6—7 t/ha im Jahr [179].

Künstliche Beregnung ist infolge ihrer großen Verdunstungsverluste hier nicht am Platze. Bewässert man nachts, so können die erheblichen Verdunstungsverluste teilweise vermieden werden.

Auch auf dem Gebiete der Trinkwasserversorgung würde man durch Einführung zentraler Wasserversorgungsanlagen große Sicker- und Verdunstungsverluste vermeiden können.

Durch sparsame Wasserbewirtschaftung sind wir also in der Lage, erhebliche Wassermengen für die Bewässerung neuer Kulturen zu gewinnen.

II. Wasserbeschaffung.
A. Ausbau der Flüsse.
1. Flußregelungen.

Die Flüsse Irans sind mit Ausnahme des Karun (von Ähwaz ab) nicht schiffbar, ihr Wasser wird seit jeher größtenteils nur zu Bewässerungszwecken verwendet. Die bisherigen Flußbauarbeiten bestanden aus einigen dringend erforderlichen Deichen und Wehrbauten. Zwecks Bewässerung wurden die Flüsse hoch im Tal mit oder ohne Wehrbauten angezapft. Da die Wasserläufe bisher sich selbst überlassen waren, schnitten sie sich immer tiefer in ihre Betten ein, änderten im Flachland ständig ihren Lauf und verursachten durch ihre Hoch- und Niedrigwasser für die von ihnen versorgten Gebiete eine alljährlich wiederkehrende Wassernot. Durch den planmäßigen Ausbau der Flüsse, der als die erste in Angriff zu nehmende Aufgabe der neuzeitlichen Wasserbeschaffung zu betrachten ist, können alle diese Übelstände teilweise oder sogar vollständig behoben werden. Nachstehend soll der Wasserhaushalt des Karun bei Ähwaz wiedergegeben werden, der uns einen allgemeinen Einblick in die Abflußverhältnisse des Hochlandes verschafft und unsere früheren klimatischen Betrachtungen in gewisser Hinsicht ergänzt.

2. Abflußverhältnisse des Karun bei Ähwaz.

Über Wasserstands- und Wassermengenmessungen des Karun bringt M. Jonides [86, S. 202—210] einige Angaben. Diese Zahlen beziehen sich auf den Pegel von Ähwaz, welcher im Jahre 1894 unterhalb der bekannten Stromschnellen errichtet worden ist.

Die von 1894—1930 gemachten Messungen sind jedoch teilweise lückenhaft. Die nachstehenden Zahlen für unsere Betrachtungen sind dem genannten Werk entnommen.

a) Wasserstandsbeobachtungen. Die während der obigen Zeitspanne beobachteten mittleren monatlichen Hoch- und Niedrigwasserstände verteilen sich auf die Frühjahrs- und Herbstmonate wie folgt:

Tab. 12. Häufigkeit der monatlichen HW- und NW-Stände im Zeitraum 1894—1930.

Monate	HW:					NW:		
	Januar	Februar	März	April	Mai	Sept.	Oktober	Nov.
Häufigkeit.	1	1	6	17	5	2	20	8

Daraus ersehen wir, daß die Hochwasserstände gewöhnlich im April und die Niedrigwasserstände im Oktober zu erwarten sind.

Im Zeitraum von 1905—1930, wovon fünf Jahre infolge unvollständiger Beobachtungen wegfallen, waren die höchsten je im Jahr vorgekommenen Hochwasserstände auf die Monate Januar bis Mai wie folgt verteilt (Tab. 13):

Tab. 13. HW-Stände von (1905—1930).

Monate	Januar	Februar	März	April	Mai
Häufigkeit	1	6	3	5	4

Die nicht lange anhaltenden Hochwasserstände im Februar mit der größten Häufigkeitszahl 6 sind anscheinend auf vorübergehend einsetzende warme Regen, die ein schnelles

Abschmelzen der Schneemassen und folglich das Ansteigen des Wasserstandes zur Folge haben, zurückzuführen.

Die größte bisher je beobachtete Wasserstandszunahme betrug in 24 Stunden 5,7 m.

b) **Wassermengenbeobachtungen.** M. Jonides gibt in seinem Werk [86, S. 209] folgende Abflußmengen des Karun bei Ähwaz an (Tab. 14).

Auf Grund dieser Zahlen ist in Abb. 60 ein Schaubild der jährlichen Wasserführung des Karun dargestellt und dazu die Wassermengensummenlinie ermittelt. Da ein Teil der winterlichen Niederschläge in Form von Regen fällt, nehmen die Wassermengen im Gegensatz zu den nördlichen Flüssen vom November ab ständig zu.

Etwa vom Februar an steigt die Wassermengen-

Tabelle 14. Die mittlere Wassermenge (MQ) des Karun bei Ähwaz.

Monat	MQ m³/s	Die bisher beobachteten Schwankungen in m³/s	
		+	—
Januar	770	1150	460
Februar	945	1250	700
März	1470	700	1000
April	1760	1100	1000
Mai	1400	1200	900
Juni	770	620	470
Juli	525	460	320
August	360	180	180
September	270	170	170
Oktober	200	110	110
November	260	340	160
Dezember	480	780	300

summenlinie steiler an, was auf die Frühjahrsregen und den Beginn der Schneeschmelze hindeutet. Der Einfluß der Schneeschmelze dauert bis etwa Anfang Juni, von hier ab bemerken wir etwa bis November eine ständige Abnahme der Wassermengen, bis in diesem Monat die winterlichen Niederschläge einsetzen, deren Einfluß aus der Summenganglinie klar zu erkennen ist.

c) **Charakteristische Abflußmengen und -spenden** (Tab. 15). Die mittlere Jahreswassermenge errechnet sich aus einer bei Ähwaz jährlich durchfließenden Wassermenge von rd. 242,10⁹ m³ zu 750 m³/s. Die größte bisher beobachtete Wassermenge (HHQ) betrug im Jahre 1924 rd. 5300 m³/s, und die kleinste ergibt sich aus Tab. 14 zu 90 m³/s. Bei einem Gesamteinzugsgebiet des Karun von etwa 55 000 km² und mit Rücksicht darauf, daß er unterhalb Ähwaz bis zur Mündung keine nennenswerten Zuflüsse mehr empfängt, errechnen sich für diesen Fluß folgende Abflußspenden (Tab. 15):

Tabelle 15.

Abflußmengen m³/s	MNQ	MQ	MHQ	NNQ	HHQ	MQ:MHQ	MNQ:MHQ	NNQ:HHQ
	200	750	1760	90	5300	1:2,3	1:9	1:59

Abflußspenden l/s/km²	MNq	Mq	MHq	NNq	HHq
	3,6	13,7	32,0	1,6	96,5

3. Stauanlagen.

a) **Wehrbauten.** Da die Schwankungen der Flußwasserstände in den nicht selten tief eingeschnittenen Betten sehr groß sind, werden zur Hebung des Wasserspiegels besonders während der Trockenzeit Wehrbauten erforderlich. Gegenwärtig zapft man den Fluß weit oberhalb der Stadt mit oder ohne Wehrbauten an und führt das Wasser in Kanälen dem Versorgungsgebiet zu. Diese Kanäle haben ein schwächeres Gefälle als der Fluß, ihre Ränder sind zur Verringerung der Verdunstungsfläche und zur Befestigung mit Bäumen bepflanzt. Bewegliche Wehre sind in Iran infolge der größeren Geschiebeführung der Flüsse den festen vorzuziehen.

b) Talsperren. Die Notwendigkeit der Schaffung von Stauanlagen geht aus der bisher besprochenen Charakteristik der Niederschläge und Abflußverhältnisse hervor. An anderen Stellen haben wir auf weitere wichtige Aufgaben der Talsperrenwirtschaft hingewiesen.

Beim Entwurf von Stauanlagen hat man auf folgende wichtige geologische Erscheinungen des Iranischen Hochlandes besonders Rücksicht zu nehmen.

Das Vorkommen von *Salzformationen* erschwert die Wahl des Standorts der Staumauer. A. F. Stahl sowie R. Furon bemerken, daß in den höheren Regionen des Elburs sowie des Zagros keine Salzformationen zur Ablagerung gelangt sind, da sie aus dem Miocänmeer inselförmig herausragten; aus Reiseberichten und anderen Quellen konnte aber festgestellt werden, daß die Salzschichten auch in diesen Ge-

biete weit verbreitet sein können.

Die *Geschiebeführung* der iranischen Flüsse ist sehr beträchtlich. Diese Erscheinung wird verständlich, wenn wir uns die kahlen Land-schaftsformen sowie die gewaltigen Schutt- und Schotterablagerungen des Iranischen Hoch-landes vergegenwärtigen. O. v. Niedermayer geht sogar so weit, zu behaupten, daß Talsperren infolge der großen Geschiebeführung der Flüsse in Iran keine großen Aussichten hätten [*114*, S. 93]. E. Hartung führt dazu an, daß hier ge-wöhnlich mit einer Verlandung der Staubecken nach 20 Jahren zu rechnen ist [*72*, S. 21]. Diese Befürchtungen sind jedoch als übertrieben zu bezeichnen. Eine Untersuchung der früheren und meist sehr alten Staudämme (der älteste bei Per-sepolis besteht seit etwa 2500 Jahren), wird uns über diese Frage Klarheit verschaffen. Es muß jedoch überall der Verlandungsgefahr der Stau-becken wirksam begegnet werden [*118*].

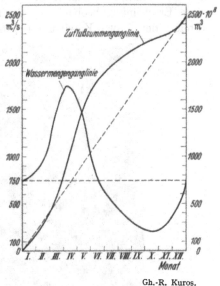

Gh.-R. Kuros.

Abb. 60. Wasserhaushalt des Karun bei Ähwaz.

Erdbeben treten in Iran häufig und fast überall auf; auf sie ist beim Bau der Talsperren zu achten.

c) Anzapfen der Randflüsse. Zur Ausführung der früher besprochenen Randflußprojekte können bei nur geringfügigen Wassermengen, um die es sich hier handelt, Talsperren, Stollenbauten und Pumpanlagen erforderlich werden, welche die Wirtschaftlichkeit dieser Pläne vorläufig stark in Frage stellen.

B. Grundwassergewinnung.

Weite Gebiete Irans wären in Vergangenheit, Gegenwart und Zukunft ohne Grund-wasser trostlose Wüsten. Im Rahmen der zukünftigen Wasserbeschaffung muß daher dem Grundwasser eine gebührende Stellung eingeräumt werden.

1. Grundwasserverhältnisse.

a) Allgemeines. An der Kaspiniederung steht das Grundwasser sehr flach an, man findet überall in 5—6 m Tiefe reichlich gutes Wasser. Auch das Vorkommen von ge-spanntem Wasser ist hier sehr wahrscheinlich und Erfolg versprechend (s. 3. Teil III D). Über die übrigen Peripheriegebiete liegen bisher keine Angaben vor. Eine besondere Stellung nehmen jedoch die Grundwasserverhältnisse in den einzelnen Binnenbecken des Iranischen Hochlandes ein, über welche die nachstehenden Ausführungen, die sich auf unseren früheren geologischen Untersuchungen aufbauen, Aufschluß erteilen sollen.

b) Grundwasserverhältnisse auf dem Binnenhochland. *Gebirgs- und Flußrichtung.* Betrachten wir als Beispiel die große Senke des Iranischen Hochlandes, nämlich die Große Käwir (Abb. 31), so fällt uns sofort auf, daß die Hauptstreichrichtung der nördlichen Randgebirge im allgemeinen mit den wenigen ausdauernden Flußläufen dieser Ebene einen Winkel bildet. Diese Wasserläufe entwässern zusammen mit ihren Nebenflüssen daher lediglich das Innere der Gebirgslandschaften, während die dem Binnenhochland zugekehrten Flächen auf großen Strecken überhaupt keine nennenswerten Entwässerungsrinnen aufweisen. Hier oder dort beobachten wir nur kurze Quertäler, in denen ausschließlich im Winter oder während der Schneeschmelze ein kleiner Wasserlauf fließt und dann aber auch gleich nach dem Austritt aus dem Gebirge allmählich auf den Schutthalden versickert. Diese Erscheinung beobachten wir in mehr oder minder ausgeprägter Form an allen Rändern der Großen Käwir und der anderen Senken.

Abb. 61. Talverschotterung im Elburs; Lar-Tal nördlich Teherans. Dr. Kronecker.

Grundwassertiefen (allgemeine Zahlenangaben). Vermöge der großen Durchlässigkeit der Schutthalden versickern die Niederschläge größtenteils bereits am Fuße der Gebirge und fließen unterirdisch den tiefsten Teilen der Senken zu. Auch die ausdauernden und aussetzenden Flüsse verlieren, sobald sie das Gebirge verlassen und die Schutthalden durchfließen, einen beträchtlichen Teil ihrer Wassermengen, die gleichfalls dem Grundwasser zufließen. Eine andere geologische Erscheinung war die Talverschotterung, die meist bis hoch hinauf in die Talwurzeln steigt. Wie groß die Sickerverluste auf diesen Flußstrecken sein können, die dem Grundwasser zugute kommen, sollen die Abb. 61 u. 62 veranschaulichen. Über die Grundwassertiefen seien noch folgende Einzelangaben genannt: In der Ebene von Esfehan soll das Grundwasser auch während der Trockenjahre nicht tiefer als 5 m stehen; die Wasserbrunnen der Stadt Jäzd sind alle 50 m tief [60, S. 16]; am Nordrand der Großen Käwir nördlich von Teheran steht das Grundwasser am Fuße der Gebirge in 70—150 m Tiefe an (Tab. 16); in den Salzsümpfen steht der Spiegel des salzigen Grundwassers ständig hart unter der Oberfläche. Am Rande der Käwire nehmen die Tiefen des salzigen Grundwasserspiegels den Sümpfen zu allmählich ab.

Zusammenhang zwischen Käwirwasser und Sickerwässern. Die versickerten Niederschläge strömen zweifellos mit dem Grundwasserstrom den tiefsten Teilen der Senken, nämlich den Käwiren zu, in denen der Grundwasserspiegel, wie bereits erwähnt, im Sommer und im Winter ständig unmittelbar unter der Oberfläche steht. Es war zuerst E. Tietze, der

in seinem bekannten Artikel „Zur Theorie der Entstehung der Salzsteppen" ausdrücklich behauptete, daß „die Feuchtigkeit oder das Wasser in den Depressionstiefen nur deshalb häufig Sickerwasser ist, weil in den Randgebieten die Flüsse sehr selten und ephemer sind". Auf einen unterirdischen Abfluß der Sickerwässer zu den Senken weist ferner O. v. Niedermayer hin [*115*, S. 42, 57, 59].

Zusammenfassend und ergänzend können wir nun dazu folgendes sagen: Beträchtliche Teile der jährlichen Niederschläge müssen nicht ober-irdisch sondern unterirdisch den Depressionsmitten zufließen und die Käwire speisen. Am Südabhang des Elbursbogens können diese Sicker-wässer mit Rücksicht auf die beträcht-lichen Kammhöhen und Niederschläge dieses Gebirgssystems sehr beachtlich sein, die zur Zeit nur zu einem geringen Teil durch Kärise für Bewässerungs-zwecke gewonnen werden. Die Sicker-wässer müßten infolge der allseitigen Abgeschlossenheit der Senken den Grund-wasserspiegel alljährlich erhöhen, was kaum zutreffen dürfte. Diese Über-legung führt uns zu der Annahme, daß die unterirdischen sowie oberirdischen Zuflußwassermengen also größten-teils nur auf dem Wege der Ver-dunstung an der Käwiroberfläche die Senken wieder verlassen können. Die

Dr. Kronecker.

Abb. 62. Ein Binnenhochlandfluß im Elburs; das Flußbett sowie die Talhänge bestehen aus losem Schutt. Ein Beleg für die großen Sickerverluste und die übermäßig hohe Geschiebeführung solcher Flusse.

früher beschriebene Salzdecke schützt den Untergrund natürlich vor starker Verdunstung, sie ist jedoch andererseits selbst, da sie hauptsächlich aus NaCl besteht, hygroskopisch. Sie muß daher ständig aus dem Untergrund Feuchtigkeit ansaugen und an der Oberfläche

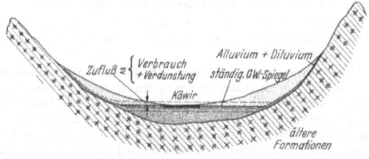

Gh.-R. Kuros.
Abb. 63. Schematische Darstellung der Grundwasserverhältnisse in einer iranischen Senke.

verdunsten lassen, wobei ihr dann der Salzgehalt des stark salzhaltigen Grundwassers zu-gute kommt. Aus der gewaltigen Fläche der Großen Käwir (55 000 km^2) allein können wir uns nun einen Begriff von der großen Verdunstung bzw. den Zuflüssen dieses riesigen Salzsumpfes machen. Die Sickerwässer können jedoch erst nach Ablauf einer bestimmten

Zeitdauer die Käwire erreichen, die sie zum Zurücklegen des Weges bis zur Käwiroberfläche benötigen.

Nach dieser Überlegung müssen sich Verbrauch und Verdunstung einerseits und Zufluß
(ober- und unterirdisch) andererseits die Waage halten, wenn die Käwir eine gewisse
Beständigkeit erreicht hat. Stören wir nun durch Auffangen der Sickerwässer dieses
Gleichgewicht, so würden wir damit die allmähliche Austrocknung der Salzsümpfe einleiten
oder beschleunigen, da wir sie heute in den verschiedenen Stufen der Austrocknung antreffen (Abb. 63).

2. Anlagen zur Gewinnung der Sickerwässer.

a) Allgemeines. Durch das Abfangen dieser Sickerwässer würden besonders am Nordrand der Großen Käwir beträchtliche Wassermengen für die Bewässerung dieser frucht-

Dr. Kroneckes.

Abb. 64. Kleine Schuttkegel und unechte Schutthalden in einem Tal des Elburs.

baren Ebenen zur Verfügung stehen. Ein solches großzügiges Projekt kann nur allmählich
und planmäßig durch Mitarbeit mehrerer Generationen erreicht werden.

Bevor wir auf die Gewinnungsanlagen selbst eingehen, wollen wir hier kurz auf die
allgemeinen Eigenschaften der Schutthalden, in denen wir unsere wasserwirtschaftlichen
Bauten errichten wollen, hinweisen.

Schutthalden entstehen, wenn der Schutt sich am Fuße eines Gehänges längs einer
längeren Linie anhäuft, im Gegensatz zu den Schuttkegeln, welche ihre Entstehung der
Ablagerung von einem einzigen Punkte der Einmündung eines Nebentales in ein tiefer
liegendes Haupttal zu verdanken haben. Durch Verschmelzen einer Reihe nebeneinander
liegender Kegelleiber werden unechte Schutthalden gebildet [160, S. 276] (Abb. 8, 9 und 64).
Auf dem Iranischen Hochland hören die Schutthalden jedoch nicht längs einer Linie am
Fuße der Gebirge auf, sondern laufen immer weiter flacher werdend gegen die ebenen Teile
der Senken aus und sind nicht bewachsen. Man unterscheidet allgemein zwischen abge-
storbenen und lebendig wirksamen Schutthalden. Die ersteren können im Gegensatz zu
den letzteren bei ausreichenden Niederschlägen bewachsen sein, wie es in den Alpen oft
der Fall ist. Fast allen Schuttablagerungen wohnt eine mehr oder minder hohe Beweglich-
keit inne [160, S. 278]. O. v. Niedermayer berichtet uns, daß die Schutthalden des
Iranischen Hochlandes in ihren oberen Lagen keinen Veränderungen unterworfen zu sein

scheinen [155, S. 59]. Schuttrutschungen finden nach Kayser[1] teils plötzlich und ruck-
weise, teils sehr langsam und allmählich während eines oft viele Jahre umfassenden Zeit-
raumes statt. Sie treten besonders in nassen Jahren auf, wo die an den Gehängen ange-
häuften Schuttmassen massenhaft in Bewegung geraten, weil ihre Böschungen zwar im
trockenen Zustand fest stehen, im durchfeuchteten aber zu steil sind.

Zum Auffangen der Sickerwässer kommen folgende Anlagen in Frage.

b) Kärise. Kärise stellen heute einen großen Bestandteil der künstlichen Wassergewinnung Irans dar; nach einem Bericht der Zeitung „Ettelast" sollen etwa $9/10$ der
gesamten iranischen Ackerwirtschaft mit ihnen bewässert werden. Daher können wir sie
von der iranischen Wasserwirtschaft, ob wir wollen oder nicht, von heute auf morgen kaum
ausmerzen, wenn wir sie auch durch moderne und bessere Anlagen ersetzen könnten; das
wäre betriebswirtschaftlich einfach nicht möglich. Unter den wasserwirtschaftlichen
Bauten Irans müssen wir also den Kärisen eine besondere Stellung einräumen. Die Sanie-
rung der bestehenden und der Bau moderner Kärisanlagen bildet also ein wichtiges und
interessantes bautechnisches Problem.

Die bisherige Ausbildung und ihre technische Bewertung. Wir haben gesehen, mit welchen
Mitteln die gegenwärtige bautechnische Ausbildung der Kärisanlagen sowie ihre Herstellung
geschieht. Daraus geht hervor, daß diese Anlagen heute genau so wie früher nach der
„billigen Bauweise" errichtet werden. Diese kennzeichnet sich durch ihre verhältnismäßig
geringen Anlagekosten und ihren ständigen Instandhaltungsarbeiten und -ausgaben. Ihre
Lebensdauer und Betriebssicherheit können ihrer leichten Bauweise entsprechend auch
nicht groß sein, was wir allein daraus ersehen, daß heftige Niederschläge oder Hagelfälle
die Kärise zerstören können.

Die Stollenabmessungen sind gegenwärtig so gering, daß sie den geübten Kärisarbeitern
sogar schwer zugänglich sind. Daß bisher kein durchgehender Ausbau des Stollens erforderlich wurde, ist u. a. noch vielleicht auf den kleinen Stollenquerschnitt zurückzuführen
(s. 3. Teil Ib).

Das Grundwasser ist hier infolge der großen Verbreitung der Kalkgesteine stark kalk-
haltig. Auf dem benetzten Umfang des Stollens bildet sich daher mit der Zeit eine Kalk-
sinterschicht, deren Dicke ständig zunimmt. Nach ihrer Bildung stellt sie einen sehr guten
Schutz gegen Versickerung dar und wird bei den Reinigungsarbeiten der Kärise möglichst
geschont. Mit zunehmender Stärke verringert sie jedoch den Durchflußquerschnitt des
Stollens oft so stark, daß sie dann entfernt werden muß.

Wasserergiebigkeit. Vor der Einführung des metrischen Systems wurde die Wasserführung der Wasserläufe nach altem Brauch in „Säng"[2] angegeben.

A. Hartung setzt einen Säng gleich 40 l/s, A. Vageler gleich 20 l/s an. Ich habe ermittelt, daß bei den Kärismeistern folgende genaue Begriffsbezeichnung für einen Säng
üblich ist. „Ein Säng stellt diejenige Wassermenge dar, die durch einen Querschnitt von
16 mal 1 Gereh durchfließt, wo ein Strohhäcksel vom Wasser in 2 Minuten 15 m fort-
getragen wird (16 Gereh = 1,00 m); hieraus errechnet sich für einen Säng die genaue
Wassermenge von 7,81 l/s, die uns jedoch als zu gering erscheint. Die Wassermengen
werden nur geschätzt, so daß in den Angaben über die Wasserergiebigkeit der Wasserläufe
gewisse Ungenauigkeiten zu erwarten sind. Für unsere Betrachtungen haben wir einen
Säng gleich 20 l/s gesetzt.

Aus der Tab. 16 können wir die größte und kleinste jährliche Wasserführung von fünf
Kärisen bei Teheran entnehmen; im Maximum schwankt diese zwischen 80 und 240 l/s,
und im Minimum zwischen 40 und 140 l/s. Die aufgeführten Kärise erreichen mit Ausnahme
von Wäsir-Käris im Frühjahr ihre größte und im Herbst ihre kleinste Wasserführung. Der

---

[1] Kayser, E.: Lehrbuch der allgemeinen Geologie. Bd. I, S. 278, 6. und 7. Aufl. Stuttgart
1923.
[2] Säng bedeutet auf iranisch eigentlich Stein.

Käris von Wäsir weist bemerkenswerterweise im Herbst seine größte und im Frühjahr seine kleinste Wasserführung auf.

Nehmen wir für die jährliche mittlere Wasserführung eines Kärises schätzungsweise 65—80 l/s an, so errechnet sich daraus eine jährliche Wassermenge von rd. 2,0—2,5 Mill. m³.

Manche Kärise münden, wie weiter oben erwähnt, in ein Wassersammelbecken, welches nur als Sammelpunkt aller Bewässerungskanäle einer Siedlung zu betrachten ist, da sein kleines Fassungsvermögen nicht als ein genügend großer Ausgleichbehälter wirken kann (Abb. 43). Die Notwendigkeit eines solchen geht schon daraus hervor, daß während des Winters die Käriswasser entweder nutzlos abfließen oder zu nebensächlichen Zwecken verwendet werden. Die Kärisanlagen müssen daher, um die gewonnenen Wassermengen bei einer um so größeren Betriebssicherheit sparsam zu bewirtschaften, mit Speicheranlagen versehen werden. Als ein weiterer Nachteil der Kärise kann der Umstand angesehen werden, daß die anbaufähigen Flächen oberhalb der Kärismündung unbewässert bleiben.

Versiegen oder Versalzen der Kärise. Das Versiegen oder Versalzen einer Kärisanlage ist in Iran nicht selten. Die von ihnen durchflossenen Ortschaften verlieren damit ihre Lebensquelle und werden oft von ihren Bewohnern für immer verlassen, die sich dann möglicherweise wo anders von neuem eine bäuerliche Existenz aufbauen.

Diese beiden Erscheinungen können also für die Versorgungsgebiete sehr verhängnisvoll werden. Als ihre Ursache führt O. v. Niedermayer tektonische Beben an, welche in Iran sehr häufig vorkommen und ein Abfließen des Grundwassers in tieferen oder höheren Schichten, ein Auslaugen neudurchströmter salziger Schichten und folglich ein Versiegen oder Versalzen des ehedem süßen Wassers herbeiführen können [*155*, S. 61].

Stratil Sauer will in dem Versiegen der Kärise eine weitere Ursache für die Abnahme der Niederschläge, d. h. eine Verschlechterung des Klimas sehen [*162*, S. 274]. Diese Behauptung erscheint uns jedoch als zu gewagt.

Ferner kann man sich diese Erscheinungen auf folgende Weise erklären. Bei den letzten gebirgsbildenden Bewegungen ist die miocäne Schichtenablagerung am Fuße der Gebirge vielfach gestört worden und durch die Hebung selbst mußten die noch nicht vollkommen erhärteten Schichten zur Depression hin zurücktreten. So bildeten sich hier antiklinale Faltungen. Dadurch mußten am Fuße der Berge Klüfte und Senkungen entstehen, die nachträglich vom Detritus der Gebirge angefüllt wurden, der sich auch meist über dem Rand der Klippen abgelagert hat [*148*, S. 2]. Aus dieser Feststellung können wir folgende Schlußfolgerungen ziehen: Am Fuße der Gebirge befinden sich meist Grundwasserbecken, deren sedimentäre Wandungen durch die bereits erwähnte Druckstörung oder spätere tektonische Bewegungen noch Risse, Spalten oder Klüfte erhalten haben könnten. Durch Auswaschung dieser leicht löslichen Salzformationen und Erweiterung der vorhandenen Risse und Spalten, kann das angesammelte Grundwasser und damit der Grundwasserstrom sich einen neuen, tiefer liegenden Weg zum Einsickern in tiefere Schichten gebahnt haben, wodurch der Grundwasserspiegel unter Umständen soweit absinkt, daß der vordem im Bereiche des Grundwassers liegende Käris nunmehr trocken liegt und kein Wasser mehr fassen kann.

Das Versalzen des Käriswassers kann durch einen ähnlichen Vorgang auf Zufluß salzhaltiger Grundwässer in das Einzugsgebiet des Kärises zurückgeführt werden.

Möglichkeiten zur Vergrößerung der Käriswasserergiebigkeit. Die wassersammelnde Galerie muß bekanntlich zur Grundwasserrichtung senkrecht stehen, wenn sie ihrer Tiefenlage und ihren Abmessungen entsprechend die größtmögliche Wassermenge fassen soll. Die Richtung des wassersammelnden Stollens richtet sich also ausschließlich nach der Richtung des Grundwasserstromes (Abb. 65). Auf die üblichen Untersuchungen der Kärismeister zur Bestimmung der Wasserführung der durchlässigen Schichten wurde schon oben hingewiesen, die zur Lösung dieser technisch und wirtschaftlich so wichtigen Aufgabe nicht genügen.

Mit Hilfe wissenschaftlicher und neuzeitlicher technischer Mittel lassen sich daher die

Leistungsfähigkeit und damit die Wirtschaftlichkeit der Kärise bedeutend verbessern. Diese Maßnahmen könnte man an alten und an neu zu errichtenden Anlagen vornehmen. Dazu müssen vor allem die Kärismeister mit der Anwendung neuer Verfahren vertraut gemacht werden.

Die Wasserergiebigkeit der bestehenden Kärise kann ferner durch Hebung des Grundwasserspiegels mittels Grundsperren vergrößert werden.

Anlage- und Instandhaltungskosten nach der bisherigen Bauweise. Wie aus Tab. 16 zu ersehen ist, deren Zahlenangaben vom Oberkärismeister der Stadtverwaltung von Teheran stammen, können die Anlagekosten der Kärise trotz ihrer heutigen billigen Bauweise noch beträchtliche Summen in Anspruch nehmen. Hinzu kommen ferner die fortlaufenden jährlichen Instandhaltungsausgaben. Aus den Hauptangaben der Tab. 16 wurde für die Gestehungskosten von fünf Kärisen bei Teheran für den lfd. m 25—45 RM, für die Instandhaltungskosten 1,05—1,25 RM im Jahr errechnet. Nach den uns weiter gemachten Angaben können sich die Gestehungskosten eines Kärises heute zwischen rd. 2 und 30 RM/m bewegen. Bei ungewöhnlichen Verhältnissen wird diese Summe jedoch leicht überschritten werden. Die Luftschächte kosten je fallenden Meter Schacht 1,50—30 RM. Für den lfd. m Reinigungsarbeiten rechnet man, wenn der Stollen nicht tiefer als 30 m liegt, 1 RM und bei größeren Tiefen rd. 3—4 RM im Jahr. Für die sehr gefürchteten Wasserhaltungsarbeiten werden besonders hohe Arbeitslöhne verlangt. Die Kosten der Aussteifung des Stollens mit Tonrohren oder Steingewölben betragen 10—30 RM.lfd.m.

Infolge der ständig fortschreitenden Modernisierung Irans ist der Lebensstandard der Bewohner im Vergleich zu früher beträchtlich gestiegen und wird in Zukunft sicher noch weiter steigen. Um diese Behauptung zahlenmäßig zu veranschaulichen, sind in Tab. 16

Tabelle 16. Fünf bekannte Kärise bei Teheran.

Käris:	Dimensionen	I	II	III	IV	V
Hauptstrang	km	6	12	15	10	15
Nebenstrang	km	3	keiner	4	2	keiner
Gesamtlänge	km	9	12	19	12	15
Gefälle	$^1/_{10}$	2	2	2	2	2
max Schachttiefe	m	70	70	150	70	100
MHQ	Säng	10	12	6	(4)	(4)
MNQ	,,	7	6	2	(4)	(4)
MHQ	l/s	200	240	120	(80)	(80)
MNQ	l/s	140	120	40	(80)	(80)
MHQ tritt auf	im Herbst			im Frühjahr		
MNQ tritt auf	im Frühjahr			im Herbst		
damal. Gestehungskosten	RM	140 000	—	400 000	200 000	300 000
,, ,,	RM/lfd/m	15,5	—	21	20	20
heutige Gestehungskosten	RM	240 000	300 000	500 000	400 000	500 000
,, ,,	RM/lfd/m	27	25	26	40	33
jährl. Instandhaltungskosten	RM	2000	3000	3000	2500	3000
jährl. Instandhaltungskosten	RM/lfd/m	0,22	0,25	0,15	0,25	0,20

Kärisnamen: I = Wäsir, II = Schah, III = Baghe-Schah, IV = Nädjäfabad, V = Kärimabad.

(Die obigen Angaben stammen vom Oberkärimeister der Stadtverwaltung von Teheran.)

die damaligen uns mitgeteilten Gestehungskosten von fünf Kärisen bei Teheran ihren etwaigen heutigen Gestehungskosten gegenübergestellt, woraus zu ersehen ist, daß diese Anlagen heute rd. 50—100% teurer zu stehen kommen würden als vor etwa 100 Jahren. Zimbalenkos sowie Auhagens Angaben über die Anlagekosten der Kärise sind rd. 40 Jahre alt und entsprechen daher nicht mehr dem heutigen Lebensstandard der Bewohner.

Jedoch sei hier auf folgende wichtige Feststellung Auhagens hingewiesen. Die notwendige
Wassergewinnung für die Urbarmachung 1 ha Bodens mit Hilfe von Käriswasser errechnet
er zu 1660 RM. Zieht man in Betracht, daß in Deutschland unter mittelguten Verhältnissen
etwa derselbe Preis für 1 ha Ackerland als Kaufpreis bezahlt wird, so ergibt sich ohne
weiteres die wirtschaftliche Bedeutung der Wassererschließung in solchen Ländern. Es
ist also hier das Wasser, welches erst dem Boden seinen Wert gibt.

Vorschlag zur Verbesserung der Kärisbauweise (Abb. 65, 66). Bei moderner Bauweise
der Kärise müssen die Stollenquerschnitte zumindest solche Abmessungen erhalten, bei
denen die Durchführung der erforderlichen Bauarbeiten gerade noch gut möglich ist. Die
Anzahl der Luftschächte hat man auf ein erforderliches Mindestmaß herabzusetzen; man
kann also ihre Abstände bis zu mehreren Kilometer weit machen; sie müssen ferner sorgfältig zugedeckt und ständig zugänglich sein und gleichzeitig für die gute Entlüftung des
Stollens sorgen (Abb. 66)[1]. Werden die Schachtentfernungen zu groß und dadurch die

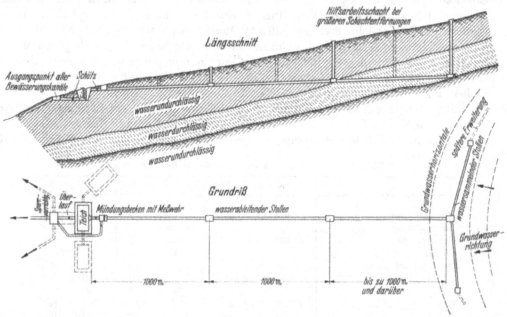

Abb. 65. Schematische Darstellung einer neuen Kärisanlage nach der vorgeschlagenen Bauweise.   Gh.-R. Kuros

Ausführung der Stollenarbeiten erschwert, so kann man noch dazwischen Hilfsschächte
anordnen, die nach der Fertigstellung des Bauwerkes wieder geschlossen werden. Die
Anwendung von kleinsten Spurweiten, die im Bergbau gebräuchlich sind, erleichtert die
Beförderung des gelösten Materials sowie anderer Stollenbaustoffe erheblich. Damit wird
die bisher mit der Hand verrichtete Arbeit teilweise mechanisiert werden, die ferner nach
und nach weiter entwickelt werden kann.

In den Arbeitsschächten kann dann das ausgeschachtete Material zutage befördert
werden, wozu man ihnen dementsprechend größere Abmessung zu geben hat.

Für die Verkleidung der Stollen kommen Beton, Torkretputz, fertige Betonrohre,
Betonformsteine oder Ziegelmauerwerk in Frage. Die lichten Abmessungen der Stollen
müssen so groß sein, daß man sie begehen kann. Zur Durchführung von Ausbesserungsarbeiten kann bei geeigneter Vorflut oder vereinfachter Wasserhaltung die Trockenlegung
einzelner Stollenstrecken durch Zutageförderung des Grundwassers in Frage kommen.

Die Anordnung genügend großer Ausgleichbecken ist für diese Anlagen, wie bereits
betont, unerläßlich. Sie können mit Rücksicht auf die Tiefenlage des Stollens nur am

---

[1] Vgl. hierzu den Zugangsschacht II der 3. Zuleitung Mühlthal — Hochbehälter Kreuz-
pullach der Münchner Trinkwasserversorgung. In: Wasserkr. und Wasserw. 1929, Heft 12.

unteren Ende (Auslauf oder Stollenmundloch) und in Form eines großen oder mehrerer kleinerer Teiche ausgeführt werden.

Nur so können die von diesen Anlagen erwarteten wasserwirtschaftlichen Anforderungen erfüllt werden.

Abb. 65 stellt eine Kärisanlage nach der vorgeschlagenen Bauweise und Abb. 66 einen ihrer Zugangsschächte dar.

Wirtschaftlichkeit der neuen Bauweise. Die bisherige billige Bauweise der Kärise kann in keiner Weise diesen wichtigen und früher erörterten wasserwirtschaftlichen Anforderungen gerecht werden.

Bei der vorgeschlagenen Bauweise mit dauerhafter Auskleidung der Schacht- und Stollenwandungen werden fast alle Gefahren der Zerstörung dieser lebenswichtigen Anlagen so gut wie ausgeschlossen sein. Dadurch werden auch die kostspieligen und fortwährenden Ausbesserungsarbeiten mehr oder weniger unnötig werden. Die Ausführung in neuzeitlicher Bauweise wird zweifellos im Verhältnis zu der bisherigen bedeutend höhere Anlagekosten erfordern. Wir sind jedoch andererseits in der Lage, mit diesen modernen Anlagen größere Wassermengen zu gewinnen und sparsam zu bewirtschaften (Prof. Ludin).

Ziehen wir ferner in Betracht, daß diese Anlagen mehrere Jahrhunderte hindurch in Betrieb bleiben, so werden sie neben ihren weiteren Vorzügen unter Umständen noch viel wirtschaftlicher sein als die gleichen jedoch nach der bisherigen billigen Bauweise errichteten Anlagen.

c) Hangrinnen. *Oberirdische Hangrinnen oder -kanäle* (Abb. 67). Diese Methode der Wassergewinnung besteht aus einer im Berghang eingehauenen Rinne und aus einem Speicher. Die Hangkanäle haben die Aufgabe, die oberflächlich abfließenden Niederschläge aufzufangen, bevor sie zum Einsickern in die Schutthalden kommen. Die Wasserführung der Hangkanäle wird, da die Niederschläge jahreszeitlich fallen und im allgemeinen keine Gletscher oder Regionen

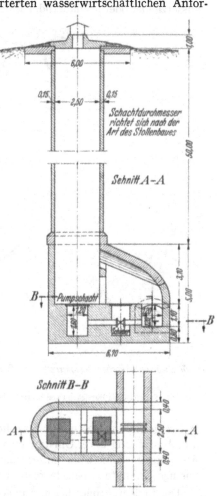

Gh.-R. Kuros.
Abb. 66. Einsteigeschacht einer modernen Kärisanlage.

ewigen Schnees vorkommen, großen Schwankungen unterworfen sein. Die gesammelten Niederschläge müssen daher in einem genügend großen Speicher gesammelt werden, durch den erst ein geregelter Abfluß der gewonnenen Wassermengen erreicht werden kann.

Der Querschnitt der Hangkanäle richtet sich nach den zu erwartenden Wassermengen. Ihre Linienführung ist von geologischen, hydrologischen, bautechnischen und wirtschaftlichen Umständen abhängig. Diese Art der Wassergewinnung ist versuchsweise zuerst für den Plan des Tauernkraftwerks angewandt worden [*113, 117, 184*]. Ihre Nach- und Vorteile wurden damals bei der Projektbearbeitung ausführlich erörtert, die zum größten Teil auch für Iran zutreffen. Eissprengwirkung, Murgänge, Steinschlag und Lawinen waren die

Haupteinwendungen gegen dieses Projekt, deren Gefahren man mit geeigneten bautechnischen Maßnahmen nötigenfalls vorbeugen wollte.

In Iran weisen die Hangkanäle den übrigen Wassergewinnungsanlagen gegenüber
folgende Vorteile auf: Die Niederschläge werden dort aufgefangen, wo sie am reinsten sind;
die über salzhaltigen Schichten fließenden und daher mehr oder weniger salzhaltigen Oberflächenwässer können von den Hangkanälen ferngehalten werden; für Aufspeicherung
gewonnener Wassermengen bieten sich in solchen Höhen bessere Möglichkeiten als in den
tiefer liegenden Gebieten, z. B. könnten die Quertäler, in denen möglicherweise noch ein
aussetzender oder ausdauernder Fluß fließt, dazu geeignete Bedingungen liefern.

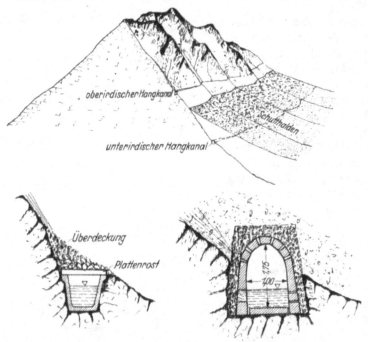

*Unterirdische Hang-
rinnen* (Abb. 67). Mit
Rücksicht auf den eigen-
tümlichen Aufbau des
Iranischen Binnenhoch-
landes kann das Problem
des Abfangens der Sik-
kerwässer ferner mittels
unterirdischer Hangrin-
nen gelöst werden, wel-
che unterhalb der
Schutthalden in dem
Bergmassiv ausge-
brochen werden.

Die Abmessungen der
Stollen müssen im Ge-
gensatz zu den Hang-
kanälen so groß sein,
daß man sie begehen
kann.

Die bei den oberirdi-
schen Hangkanälen vor-
gebrachten Befürchtun-
gen fallen hier vollstän-
dig weg, worin ein großer
Vorteil dieser neuen

Profil eines oberirdischen Hangkanals   Profil eines unterirdischen Hangkanals

Gh.-R. Kuros.

Abb. 67. Schematische Darstellung von oberirdischen und unterirdischen Hangkanälen.

Wassergewinnungsmethode zu erblicken ist. Jedoch ist sie hinsichtlich der Überwachung
und Ausführung unter Umständen viel schwieriger und kostspieliger als die Hangkanäle
Andererseits können die unterirdischen Bergrinnen bei zweckmäßiger Bauart eine fast
uneingeschränkte Lebensdauer besitzen.

Die Linienführung dieser Anlagen richtet sich wiederum nach den örtlichen Verhältnissen, insbesondere nach der Oberflächenform des Bergmassives.

Die gewonnenen Wassermengen können entweder nach der Kärisbauweise unter natürlichem Gefälle dem Versorgungsgebiet bzw. den Ausgleichbecken zufließen, oder sie müssen
hochgepumpt und oberirdisch abgeleitet werden.

Der Abflußvorgang kann hier je nach der Lage des Stollens ausgeglichener sein als bei
Hangkanälen.

Ein großer Vorteil der Bergrinnen besteht darin, daß sie zu jeder Zeit erweiterungs-
fähig sind.

d) Grundsperren. Bevor auf die Anwendungsmöglichkeiten der Grundsperren eingegangen wird, soll auf zwei wichtige hydrologische Erscheinungen des Iranischen Hochlandes hingewiesen werden, nämlich auf die Flußversickerung und Flußversinkung.

Flußversickerung. Bei den ständig fließenden Binnenhochlandflüssen sowie bei periodischen Flüssen treten auf den verschotterten Talabschnitten und beim Durchfließen der Schutthalden große Sickerverluste ein.

Durch das an sich kleine und sich immer mehr verringernde Flußgefälle und die verhältnismäßig geringen Flußwassermengen sowie durch die große Durchlässigkeit des Flußbettes sind die Wasserläufe hier nicht imstande, sich ein ins Gelände einschneidendes Bett zu schaffen; ihr Lauf spaltet sich daher gleich nach dem Austritt aus dem Gebirge in mehrere Arme. Die Versickerung, die hauptsächlich von diesen Faktoren abhängt, nimmt also auf den Schutthalden ein beträchtliches Ausmaß an.

Flußversinkung. Flußversinkungen werden in Iran oft beobachtet, dazu seien folgende Beispiele erbracht:

Zajändeh-Rud (Abb. 32) verschwindet an mehreren Stellen und kommt durch Infiltration wieder zum Vorschein, daher auch der Name Zajändeh-Rud, d. h. „gebärender Fluß" [*124*, S. 107ff.]. Obwohl der Grundwasserspiegel bei Esfehan nie unter 5 m fallen soll, trocknet der Zajändeh-Rud hier während mancher Trockenjahre im Sommer vollständig aus.

Ferner berichtet uns H. Schindler folgendes: „Fariab (ein Nebenfluß des Ab-e-Dez) verschwindet unterwegs in dem Boden, um bei Pole-Täng wieder zum Vorschein zu kommen. Das Flußbett ist hartes Konglomerat bis zur Stelle, wo der Fluß versinkt, dort ist feiner Sand, unter welchem weiche Giplsfelsen wahrscheinlich mit großen Löchern, wie sie der Gips gewöhnlich hat, sich befindet" [*140*, S. 94].

M. Keihan schreibt: „Der Schur-Fluß entspringt in den Darab-Bergen, versinkt an verschiedenen Stellen in die Sandaufschüttungen seines Bettes, um an anderen Stellen wieder zum Vorschein zu kommen und sich schließlich nördlich der Insel Kischm (Gheschm) in den Iranischen Golf zu ergießen" [*89*].

Flußversickerungen und Bachschwinden kommen auch in Europa vor. So schwindet eine Reihe von Bächen, die aus den Schutthalden der Kalkalpen in die Niederungen vorstoßen, die sich zwischen Wien und Wiener-Neustadt ausbreiten, spurlos in den Sanden und Schottern der Ebene und der Rest verliert wenigstens einen Großteil seines Wassers durch Versickerung an das Grundwasser [*160*]. Es ist ferner bekannt: Die Versinkung der Donau bei Immendingen, Tuttlingen und Möhringen, der Oder bei Scharzfeld [*97*, S. 65], des Hachingerbachs bei München [*97*, S. 65, *182*] und desDorfbachs von Marthan bei Rheinau, welcher nach Hug am Rande eines 911 m langen Schuttkegels versinkt, wobei sein Wasser sich einem, in diluvialen Rheinschottern fließenden Grundwasserstrom beimischt [*82*, S. 63].

Ursache der beiden Erscheinungen. Bachschwinde tritt ein, wenn der Grundwasserspiegel unter die Flußsohle fällt und der Wasserlauf nicht mehr vom Grundwasser gespeist werden kann, und sogar der umgekehrte Fall eintritt. Auf dem Iranischen Binnenhochland liegt das Grundwasser, wie wir bereits gesehen haben, meist tief unterhalb der Schutthalden, was also eine allmähliche Versickerung des Flusses zur Folge hat. Ein Bach oder Fluß verschwindet auch am Rande einer mit durchlässigen Ablagerungen gefüllten Mulde, wie es in Abb. 68 dargestellt ist.

Am augenfälligsten werden aber Flußversickerungen in den Kalkbergen mit ihren Spalten, Klüften und Höhlenschläuchen beobachtet, die mit Karsterscheinung bezeichnet werden. Diese werden auch in Iran angetroffen, da die meisten Gebirge aus Kalkformationen, Gips- und Salzlagern bestehen. Als Beispiel seien die bekannten Höhlenbildungen in den Gebirgen von Kordestan erwähnt, welche unter dem Namen Ghar-e-Abskänd bekannt sind [*89*]. Bei den erwähnten Beispielen handelt es sich aber anscheinend um die in der Abb. 68 wiedergegebene Art der Flußversinkung, wobei nicht ausgeschlossen ist, daß im Untergrund durch Auswaschungen noch Höhlen und Klüfte sich befinden, wie A. H. Schindler das für den Fariab-Fluß vermutete.

Abb. 32 vom Zajändeh-Rud zeigt die bemerkenswerte Erscheinung, daß das Flußbett

Wasserbeschaffung.

in einem großen Bogen mit einem scharfen Umriß abgesackt ist. Können wir dies nicht als ein Anzeichen für die Auswaschung des Untergrundes und die Bildung von Höhlen und Klüften halten, wie wir sie z. B. auch bei der Oder (bei Scharzfeld), wo dieselben Untergrundverhältnisse (unten Miozän-Schichten, darüber diluviale und alluviale Sande) herrschen, vorfinden? Bei der Oder beobachtet man nämlich an dieser Stelle kleine und große Trichterbildungen, die während der Trockenzeit die Oderwassermengen sogar vollständig verschlucken.

Die geologische Untersuchung dieser Erscheinungen ist für die Wasserwirtschaft und für die Errichtung von wasserwirtschaftlichen Bauten von größter Bedeutung.

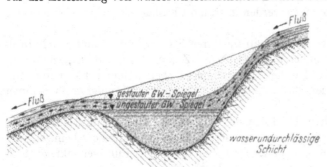

Abb. 68. Schematische Darstellung einer Flußversinkung.   Gh.-R. Kuros.

Bau von Grundwassersperren. Die ausführlich behandelten Erscheinungen des Iranischen Hochlandes (Talverschotterung, Schutthalden, Flußversickerung und -versinkung, tiefer Grundwasserspiegel, zeitweilig fließende Flüsse) veranlassen uns, weitestgehend von Grundwassersperren Gebrauch zu machen. Sie haben jedoch den Nachteil, daß der innerhalb des Stauraumes liegende Boden allmählich verbrackt [93, S. 271]. Es gibt aber heute eine Reihe von Maßnahmen, durch welche die Versalzung des Bodens erfolgreich bekämpft werden kann.

Die Verbreitung der Salzformationen im Untergrund wird vielleicht die Anwendungsmöglichkeiten von Grundsperren erschweren oder sogar unmöglich machen.

Liegt der von der Grundwassersperre abgeschlossene Stauraum genügend hoch, so kann die Fassung und Ableitung des Wassers zu den Niederungen nach der Kärisbauweise durchgeführt werden.

In den Steppenlandschaften, wo der Grundwasserspiegel sehr tief unter der Erdoberfläche liegt, wird die Anwendung von Grundsperren technisch und wirtschaftlich sehr fraglich werden. In solchen Gegenden wäre u. a. die Windkraftmaschine zur Hebung des Wassers am Platze.

Trotz dieser Bedenken werden Grundwassersperren in Iran eine große Zukunft haben, wobei man u. a. das chemische Bodenverfestigungsverfahren besonders gut verwenden kann.

Periodische Flüsse. Solche Flüsse, die nur während der Wintermonate oder der Schneeschmelze Wasser führen, gibt es in Iran viel. In Südwest-Afrika, wo man mit Grundwassersperren gute Erfahrungen gemacht zu haben scheint, will man durch stufenweise Anwendung von Grundwassersperren weite Trockentäler zu ständig fließenden Flüssen machen [93, S. 150]. In Iran werden die Bedingungen hierzu besonders günstig sein, so daß wir eine große Anzahl von periodischen Flüssen zu ständig fließenden machen können.

e) Wasserhebung. Die Wasserhebung durch Pumpwerke wird in Iran einen großen Anwendungsbereich für Einzel- und Gemeinschaftswasserversorgungen haben, die jedoch erst nach dem Ausbau der einheimischen Eisenindustrie an Bedeutung gewinnen können. Als Antrieb kommt dabei auch die Windkraft in Frage. Bei allen bisher besprochenen Wassergewinnungsanlagen mit Ausnahme der oberirdischen Hangrinnen kann das Wasser entweder nach der Kärisbauweise oder durch Pumpen zutage gefördert werden. Die jedem maschinellen Betrieb in wenig industrialisierten Ländern anhaftenden Nachteile lassen es aber geraten erscheinen, für iranische Verhältnisse der natürlichen Wasserförderung mit Hilfe neuzeitlich erbauter Kärise soweit wie möglich den Vorzug zu geben.

f) Speichermöglichkeiten. Speichermöglichkeiten spielen bei allen bisher besprochenen

Wassergewinnungsanlagen eine sehr wichtige Rolle. Dafür sind je nach den örtlichen Verhältnissen und der Art der Wassergewinnung folgende Fälle zu untersuchen:

1. Bestehende oder zu planende Talsperren.

2. Schaffung von Staubecken in den Quertälern wo noch möglicherweise ein periodischer Wasserlauf fließt und dadurch mit erfaßt werden kann.

3. Unterirdische Speicher.

4. Teiche.

Bei Grundwassersperren beträgt der theoretische Stauraum, wenn wir kugelförmigen Sand zugrunde legen, je nach der Lagerung zwischen 25,9 und 47,6% des Gesamtstauraumes. Abgesehen davon, daß der Gesamtstauraum aus geologisch geeigneten Schichten (also z. B. nicht wasserlöslichen) bestehen muß, darf bei Grundwasserversorgungen auch keine Verschlechterung des Grundwassers durch Spiegelabsenkung im Grundwasserträger stattfinden, wenn der Sauerstoff der Luft in den tieferen Untergrund eindringt, und hierdurch bisher unlösliche Bodensalze in die lösliche Form übergeführt werden, wie dies z. B. durch Eisen- und Mangansalze beim Wasserwerk Stuttgart am Cannstatter Wasen oder der Stadt Essen am Baldeneysee geschehen ist.

In den Teichen können nur kleine Wassermengen gespeichert werden; auch muß man bei ihnen Rücksicht auf den großen Einfluß der Verdunstung nehmen, also die freie Wasseroberfläche möglichst beschränken.

g) Artesische Brunnen. Das Vorkommen von gespanntem oder artesischem Wasser ist in Iran sehr wahrscheinlich. Zur Begründung dieser Behauptung sollen die topographischen und geologischen Vorbedingungen für das Auftreten gespannten Wassers kurz erwähnt werden. Es muß stets eine wasserführende und darüber eine wasserundurchlässige Schicht vorhanden sein, die einen Abschluß gegen die Oberfläche herstellt. Beide Schichten müssen schräg gestellt oder gefaltet sein. Das Niederschlagswasser muß an Stellen in die wasserführende Schicht einfließen, die höher liegen als die Austritts- und Gewinnungspunkte des Wassers.

Die allseitige Abgeschlossenheit der Binnensenken, Gebirgsfaltung und Schutthalden, deren wasserdurchlässige Schichten in den oberen Teilen sich noch unter den wasserundurchlässigen Schichten der Flachlandschaft fortsetzen (Grundbedingung für den Bau von Kärisen, vgl. dazu Abb. 65), entsprechen alle diesen Vorbedingungen.

Die bisherigen Versuchsbohrungen bei Teheran und Jäzd haben jedoch zu keinem Ergebnis geführt. Gegen diese Art der Wassergewinnung ist grundsätzlich einzuwenden, daß infolge der großen Verbreitung der Salzformationen vor Tiefenwasser stets gewarnt werden muß, weil man nach den kostspieligen Bohrungen wahrscheinlich nur mehr oder weniger salzhaltiges und daher unbrauchbares Wasser vorfindet.

III. Wasserkraftwirtschaft.

Die Wasserkraftwirtschaft spielt in Iran noch keine große Rolle. Erwähnt sei lediglich die Ausnutzung der Wasserkraft bei den Mühlen und in zwei kleinen Flüssen bei Teheran.

Mit dem Ausbau der Flüsse kann auch dieses Problem gelöst werden. Es fehlt hier auch keineswegs an natürlichen Wasserfällen; z. B. stürzt im Tale des Tschalusflusses das Gebirge von 2200 m (bei Waliabad) fast auf 981 m Seehöhe ab, wobei der Fluß in einer Gebirgsspalte einen für das Auge unsichtbaren Wasserfall bildet [*158*, S. 204].

IV. Wasserstraßen.

Der einzige Fluß Irans, der von der Mündung bis etwa 251 km flußaufwärts schiffbar ist, ist der Karun. Bei Ähwaz wird der Strom durch verschiedene Sandsteinriffe durchquert, so daß ein Weiterfahren der Dampfer unmöglich wird. Von hier ab schwankt die Flußbreite zwischen 260 und 380 m bei einem MHW = 3,5—4,5 m und einem MNW = 3,0 bis 3,5 m. Die Verbindung des Kärkhe-Flusses mit dem Karun, die bereits im Altertum bestanden hat, wird u. a. auch die Wasserverhältnisse des Karun im Interesse der Schiffahrt weiter verbessern (Abb. 31, 48).

Die übrigen Flüsse sind weder schiffbar noch kanalisierbar. In den unteren Fluß-abschnitten mancher Flüsse, wie z. B. des Gorgan [37] und des Sefid-Rud [149] sollen nur bei hohem Wasserstand kleinere Boote verkehren.

Infolge der Fluß- und Wasserarmut des Hochlandes kommt sonst nirgends die billige Binnenschiffahrt in Frage. Der Inlandsverkehr Irans beschränkt sich mithin nur auf Eisenbahnen und Autostraßen [27, 136].

V. Industrie- und Trinkwasserversorgung, Stadtentwässerung.

Mit der ständig fortschreitenden Industrialisierung Irans gewinnt auch die Industrie-wasserversorgung immer mehr an Bedeutung, woraus noch weitere wichtige Aufgaben für die zukünftige Wasserwirtschaft erwachsen.

Aus: Iran, das neue Persien.

Abb. 69. Nutzwasserbecken; die blühende Oase Golschän inmitten der zentraliranischen Wüste.

Die Trinkwasserversorgung der Städte und Ortschaften geschieht heute durch Grund-oder Flußwasser. Abgesehen von zwei nur teilweise zentral versorgten Städten (Mäschhäd und Bändär-Schahpur) wird die Trinkwasserversorgung durch Hausspeicheranlagen ge-regelt. Dazu besitzt jedes Haus ein Trinkwasser- und ein Brauchwasserbecken. Beide sind, um die Verschmutzung und Versickerung des Wassers möglichst zu verbinden, sorgfältig mit Mörtel ausgeputzt. Während das Trinkwasserbecken zugedeckt ist, bildet das zweite die Zierde des Gartens oder des Hofes (Abb. 69). Der Inhalt der Becken reicht meist für einen bis zwei Monate aus, die Frischwasserzufuhr findet jedoch allwöchentlich statt. Um die Trübung des Wassers zu beseitigen und es schmackhafter zu machen, fügt man ihm seit altersher in gewissen Mengen Kalk und Kohle zu.

Diese Art der Trinkwasserversorgung ist auch in verschiedenen anderen vorderasiati-schen Ländern und vor allem auch in Peru üblich.

Vom hygienischen Standpunkt aus betrachtet, ist sie trotz der angewandten Sorgfalt unzuverlässig. Auch sind die Wasserverluste durch Versickerung oder Verdunstung dabei sehr groß. Die offenen Wasserflächen bilden gute Brutstätten für Stechmücken. Pläne zur Zentralisierung der Wasserversorgung der Stadt Teheran und einiger anderer Städte sind bereits fertig, ihre Ausführung erfuhr durch den gegenwärtigen Krieg eine noch bis zum Ende dieses Krieges dauernde Verzögerung.

Die Beseitigung der Abwässer geschieht heute durch Hauskläranlagen und Sicker-
schächte. Dieses Problem hängt bekanntlich mit der Frage der Trinkwasserversorgung
eng zusammen und kann daher nur im Zusammenhang mit ihr gelöst werden.

VI. Zusammenfassung.

Die Erneuerung Irans zwingt zu einer neuzeitlichen Wasserwirtschaft mit entsprechen-
der Gesetzgebung, in der auch der Wald- und Dünenschutz besonders zu berücksichtigen
ist. Dabei ist die Wiederbewaldung des Landes als eine der wichtigsten Aufgaben der
Landeskultur und der zukünftigen Wasserwirtschaft zu betrachten. Auch das gegenwärtige
Wassernutzungsrecht muß verbessert und seine praktische Durchführung durch neue, nach
zeitgemäßen Gesichtspunkten einheitlich aufgestellte Grundsätze möglich gemacht werden.

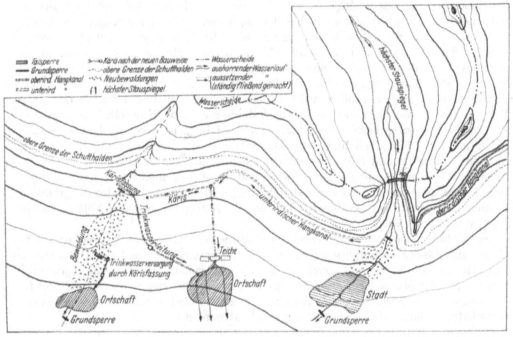

Abb. 70. Schematische Darstellung der neuen Vorschläge zur Wassergewinnung auf dem Iranischen Hochland.   Gh.-R. Kuros.

Da Iran sehr flußarm ist, kann das Wasserproblem mit Talsperrenbauten allein nicht
gelöst werden. Wo immer möglich, muß jedoch die Ausnutzung des Flußwassers durch eine
planmäßige Speicherwirtschaft zuerst am intensivsten vorgenommen werden, um dadurch
den allgemeinen Wohlstand zu heben und u. a. die Durchführung weiterer wasserwirtschaftlicher, zum Teil kostspieliger Aufgaben, zu erleichtern.

Die Kärisanlagen werden in ihrer heutigen Bauweise und bei ihrer verhältnismäßig
geringen Leistungsfähigkeit und Betriebssicherheit den gegenwärtigen und zukünftigen
Anforderungen der iranischen Volkswirtschaft kaum mehr entsprechen, so daß man not-
gedrungen zu ihrer Verbesserung und zur Schaffung neuer Wassergewinnungsanlagen
greifen muß.

Die Feststellung, daß die iranischen Salzsümpfe den größten Teil ihrer Zuflußwassermengen auf unterirdischem Wege empfangen, ist offenbar für die Landeskultur und Wasserwirtschaft von größter Bedeutung. Für den gestaltenden Ingenieur gibt es bei der Nutz-
barmachung dieser unter Umständen sehr beträchtlichen Wassermengen eine Reihe von
sehr interessanten und wichtigen Aufgaben. Damit wird ferner der allmähliche Austrock-
nungsvorgang der gewaltigen Salzsümpfe Irans herbeigeführt oder beschleunigt werden,

Auf Grund unserer Untersuchungen kommen auf dem Iranischen Hochland folgende neue Vorschläge der Wassergewinnung in Betracht (Abb. 70):

1. Neue Kärise nach verbesserter Bauweise.
2. Oberirdische Hangrinnen.
3. Unterirdische Hangrinnen.
4. Grundwassersperren, vor allem auch zur Vermehrung der ständig fließenden oberirdischen Wasserläufe.

Diese Anlagen können auch in kombinierter Form angewendet werden. Bei ihrer Planung und Ausführung müssen wir stets die größtmögliche Lebensdauer ins Auge fassen, da die Wasserfrage zu jeder Zeit das Lebensproblem Irans darstellt. Solche Dauerlösungen können bei einer sorgfältigen Konstruktion der vorgeschlagenen Anlagen erzielt werden. Neue Kärise, unterirdische Hangkanäle und unter Umständen auch oberirdische Hangkanäle können eine fast uneingeschränkte Lebensdauer erhalten, während bei Talsperren mit einer hier in stärkerem Maße in Erscheinung tretenden Verlandungsgefahr der Staubecken zu rechnen ist, gegen die geeignete Abhilfemaßnahmen getroffen werden müssen. Da im allgemeinen oft günstige Bedingungen vorliegen, kann man zur Zutageförderung des Wassers bei Grundwassersperren statt Pumpen Kärisfassungen anwenden. Der Anwendungsbereich der Pumpen wird vor allem von örtlichen Verhältnissen abhängen. Zur Modernisierung und Industrialisierung Irans werden große Beträge benötigt, die das Land ausschließlich durch die eigene finanzielle Leistungsfähigkeit deckt. Die einzige sichere Einnahmequelle des Landes ist dabei die Landwirtschaft, welche also den größten Teil dieser Ausgaben zu tragen hat. Ihre Bedeutung für die ganze iranische Volkswirtschaft liegt somit klar auf der Hand. Die Verbesserung der Bodenbewirtschaftung zur Hebung der Landwirtschaft ist jedoch unmittelbar mit der intensiven Wasserförderung und Wasserbewirtschaftung verbunden, woraus also die große Bedeutung der neuzeitlichen Wasserwirtschaft und ihr Nutzen für die ganze Volkswirtschaft Irans klar zu erkennen ist.

Schließlich sei noch darauf hingewiesen, daß die Aufstellung von Wasserwirtschaftsplänen zuverlässige geographische, geologische, meteorologische und wasserstatistische Unterlagen erfordert, die erst durch langjährige und genaue Beobachtungen gewonnen werden. Mit der planmäßigen Bearbeitung und Vervollständigung solcher Grundlagen für die Zwecke der Wissenschaft und Technik hat man daher sofort zu beginnen, wenn wirtschaftlich und zweckmäßig geplant und gebaut werden soll.

Schrifttumsverzeichnis.

1. Andreas und Stolze: Handelsverhältnisse Persiens. Peterm. Mitt. 1885, Erg.-Bd.
2. Artzt, P.: Wirtschaft und Verkehr Persiens. Diss. Wien 1934.
3. Asklund, B.: Sven Hedins geologische Routenaufnahme durch Ostpersien. Sven-Hedin-Festschrift, Stockholm 1935.
4. Auhagen: Landwirtschaft in Transkaspien. Berichte über Land- und Forstwirtschaft im Auslande, hrsg. von der Dtsch. Landw. Ges. Berlin 1905.
5. Bassewitz, H. J. v.: Bodenbewirtschaftung in Iran. Dtsch. Lebensraum. Berlin 6 (1939), Nr. 5.
6. Bauer, G.: Luftzirkulation und Niederschlagsverhältnisse in Vorderasien. Gerlands Beiträge zur Geophysik, Bd. 45 (1935).
7. Berg L.: Das Problem der Klimaänderung in historischer Zeit. Pencks Geogr. Abh. 10/2 (1914)
8. Beuck, H.: Die Bodenkultur in Persien und ihre Ausfuhrergebnisse. Diss. Hamburg 1919.
9. Biehl, M.: Erneuerung des Iran aus eigener Kraft. Währg. u. Wirtsch. Mitt. Währg.-Inst. 7 (1938).
10. Blanchard, R.: Asie Occidentale. In: Geographie universelle. Paris 1929.
11. Blanford, W. T.: On the mature and probable oregins of the superficikal deposits in the valleys and desserts of Central Asie. Quart. Journ. Geol. 29 (1873).
12. Blankenhorn, M.: Neues zur Geologie Palestinas und des ägyptischen Niltales. Z. dtsch. Geol. Ges. 62 (1910).
13. Böhme, E.: Die Steinkohlenvorkommen Persiens. Z. f. prakt. Geol. 40 (1932).
14. — Überblick über die Erzlagerstätten Persiens und den derzeitigen Stand von Gewinnung und Verhüttung. Metall u. Erz 26 (1929), Heft 3.
15. Bobek, H.: Reise in Nordwestpersien 1934. Z. Ges. Erdk. Berlin 1934.
16. — Forschungen im Zentralkurdischen Hochgebirge. Peterm. Mitt. 84 (1938).
17. — Die Rolle der Eiszeit in Nordwestiran. Z. Gletscherkde. 25 (1937).
18. Brückner, E.: Klimaschwankungen. Wien 1890.
19. Busse, W.: Bewässerungstechnik in Turan und ihre Anwendung in der Landwirtschaft. Jena 1915.
20. Butler, M. A.: Die Kanate in Persien. Kulturtechniker 37 (1934).
21. Bulletin der Deutsch-Iranischen Handelskammer E. V. Berlin 4 (1939), Heft 6/7: Außenhandel Irans während des Wirtschaftsjahres 1316/17.
22. — Berlin 4 (1939), Heft 9/10 u. 11: Die landwirtschaftliche Produktion Irans; Fortsetzung Heft 11.
23. — Berlin 5 (1940), Heft 9: Außenhandel im Jahre 1317 (von H. H. Aderhold).
24. Curzon, L.: Persia and the Persian question. London 1892.
25. Deecke, W.: Hydrographie der Dinkelberge bei Basel. Abh. Heidelb. Ak. Wiss. math. naturw. Kl. Berlin 1932.
26. Desio, A.: Appunti geografici e geologici sulla catena dello Zardeh-Kuh in Persia. Mem. geol. e geogr. di G. Dainelli IV (1934).
27. Dickmann: Eisenbahnen in Iran. Arch. Eisenbahnw. 1939.
28. Diener, C.: Baludschistan und Ostpersien. Peterm. Mitt. 42 (1896).
29. Drigalski, W. v.: Versalzung der Flußläufe und Wasserversorgung der Städte. Dtsch. Z. f. öffentl. Gesundheitspflege. Wien 1927.
30. Eckardt, W. R.: Das Klimaproblem der geologischen Vergangenheit und historischen Gegenwart. Die wissenschaftl. Sammlung naturwiss. u. math. Monographien. Braunschweig 1909.
31. — Die Herkunft der Winterregen Vorderasiens. Peterm. Mitt. 69 (1923).
32. — Die Frage der Etesien im östlichen Mittelmeer und Vorderasien. Peterm. Mitt. 69 (1923).
33. Eigenbrodt, H.: Persische Kanate. Gesundh.-Ing. 1932.
34. Ettelaat (iran. Ztg.): Der Bau des Esfärdjan-Wehrs (im Zajändeh-Rud). Teheran 1319 (= 1940), Nr. 4126.
35. — Erweiterung des Zuckerrohranbaues. Nr. 41551.
36. — Der industrielle Aufschwung des Landes. Nr. 4160.

37. Ettelaat: Ein Blick auf den Distrikt Gorgan. Nr. 4191.
38. — Landwirtschaft. Nr. 4214.
39. — Die Bewässerung der Provinz Khorassan. Nr. 4250 und 4263.
40. — Bau eines Stollens zur Bewässerung Behbehans in der Provinz Fars. Nr. 4177 und 4253.
41. — Landwirtschaftlicher Fünfjahresplan. Nr. 4335.
42. — Die landwirtschaftliche Produktionssteigerung des Landes in fünf Jahren. Nr. 4341.
43. — Technische Maßnahmen zur Hebung der Landwirtschaft. Nr. 4343.
44. — Steigerung der Weizen- und Gerstenproduktion (Fünfjahresplan). Nr. 4352.
45. — Die Bewässerung von 50 000 ha Land in der Provinz Khuzestan. Nr. 4369.
46. — Das Wehr von Räwansär. Nr. 4381.
47. Verbesserung der Lebensverhältnisse der Bauern. Nr. 4430.
48. — Steigerung der Baumwollproduktion. Nr. 4438.
49. — Die Kultivierung des Landes und die Verbesserung der Lebensverhältnisse der Bauern. Nr. 4473.
50. Ficker, H. v.: Das Fortschreiten der Erwärmung in Rußland und Vorderasien. Wiener, Sitzber., Abt. IIa, Bd. 120.
51. — Die Ausbreitung kalter Luft in Rußland und Vorderasien. Wiener Sitzber., Abt. IIa. Bd. 119.
52. — Ergebnisse meteorologischer Beobachtungen in Husseinabad (Sistan). Met. Z. 1921.
53. — Temperaturen der Luft und des Wassers an den Ufern des Kaspischen Meeres. Ann. Hydrogr. 48 (1920).
54. — Untersuchungen über Temperaturverteilung, Bewölkung und Niederschlag in einigen Gebieten des mittleren Orients. Geogr. Ann. 1923.
55. — Zur Meteorologie von Westturkistan. Denkschr. Ak. Wiss. Wien 1908.
56. Furon, R.: L'Hindukouch et le Kaboulistan, contribution à l'étude géologique et géomorphologique de l'Aufghanistan. Paris 1927.
57. — La Néogéne aux Erusions de Hamadan, Perse occidentale. Bull. Mus. Hist. Nat. Paris 2e Ser. t. 9 (1937).
58. — La géologie du Plateau Iranien. Rev. gén. d. Sc. pures et appl. Paris 8 (1937).
59. Gabriel, A.: Im weltentfernten Orient. München 1929.
60. — Aus den Einsamkeiten Irans. Stuttgart 1939.
61. — Durch Persiens Wüsten. Stuttgart 1935.
62. Gawaher-al-Kadam, A.: Zind-e-Rud. Teheran 1934 (iranisch).
63. Gölles, F.: Über den Luftdruckgang bei Kältewellen im Gebiete des Kaspischen Meeres. Met. Z. 39 (1922).
64. Gotthardt, W.: Das jahreszeitliche Verhalten der Vegetation und die Bodenkultur Irans. In: Festschr. d. kgl. Gymn. i. Weilburg z. s. 350jähr. Jubelfeier.
65. — Studien über das Klima von Persien. Diss. Marburg 1889.
66. Gräfe, A. v.: Iran das neue Persien. Berlin 1937.
67. Grothe, H.: Zur Natur und Wirtschaft von Vorderasien, I. Persien. Angew. Geogr. III, 11. Frankfurt 1911.
68. Grunow, J.: Wasserwirtschaft und Klima. Geogr. Wschr. 1933.
69. Hagen, M. v. d.: Wassererschließung in Südwestafrika durch Staudämme und Grundschwellen. Dtsch. Wasserw. 35 (1940).
70. Halbfass, W.: Säkulare Schwankungen des Wasserstandes des Kaspischen Meeres. Peterm. Mitt. 82 (1936).
71. Hann, J.: Handbuch der Klimatologie, 4. Aufl., hrsg. von K. Knoch. Stuttgart 1932.
72. Hartung, F.: Wasserwirtschaft in Iran. Kulturtechniker 38 (1935).
73. Hauber: Wasserwirtschaft im Walde. Forstwirtschaftl. Zbl. 48 (1926).
74. Hedin, S.: Zu Land nach Indien. Bd. I. Leipzig 1910.
75. — Zu Land nach Indien. Bd. II. Leipzig 1910.
76. — Eine Routenaufnahme durch Ostpersien. Bd. I. Stockholm 1918.
77. — Eine Routenaufnahme durch Ostpersien. Bd. II. Stockholm 1927.
78. Hermann, F.: Die wasserwirtschaftlichen Grundlagen der Subtropen mit besonderer Berücksichtigung Südwestafrikas. Tropenpflanzer 35 (1932).
79. — Bewässerungsdienst in Ägypten und Sudan, seine Organisation und Verwaltung. Kol. Rdsch. 25 (1933).
80. Herzfeld, A.: Eine Reise nach Luristan, Arabistan, Fars. Peterm. Mitt. 53 (1907).
81. Hinz, W.: Iran. Politik und Kultur von Kyros bis Reza Schah. Leipzig.
82. Hug: Die Grundwasserverhältnisse der Schweiz. Ann. d. Schweiz. Landeshydr., Bd. III. Genf 1918.
83. Huntington, E.: The Basin of Eastern Persia and Sistan. In: R. Pumpelly, W. M. Davis, E. Huntington, Explorations in Turjestan 1904. Washington 1908.

84. Huntington, E.: Desiccation in Asia. Geogr. Journ. 28 (1906).
85. Hurr, E.: Industrialisierung Persiens. Rdsch. techn. Arb. 14 (1934).
86. Jonides, M. G.: The Regime of the riviers Euphrat and Tigris. London 1937.
87. Kähne, K.: Beiträge zur physischen Geographie des Urmiabeckens. Z. ges. Erdk. 1923.
88. Kämtz: Über das Klima von Astrabad. Prop. Met. III, S. 159.
89. Keihan, M.: Die ausführliche Geographie Irans. Bd. I. Theran 1310 (= 1931).
90. — Die ausführliche Geographie Irans. Bd. II. Teheran 1310 (= 1931).
61. — Die ausführliche Geographie Irans. Bd. III. Teheran 1310 (= 1931).
92. Keller, H.: Wassergewinnung in heißen Ländern. Berlin 1929.
93. — Grundschwellen. Bautechn. 11 (1933).
94. — Gespannte Wässer. Halle 1928.
95. Klebelsberg, R. v.: Beiträge zur Geologie Westturkestans. Insbruck 1922.
96. — Das Problem der Hangkanäle im Hochgebirge. Wasserkr. u. Wasserw. 26 (1921).
97. Köhne, W.: Grundwasserkunde. Stuttgart 1928.
98. Kropf: Windmotor, Wasserversorgung. Zbl. Wasserb. 15 (1925).
99. Laupert, B.: Irans Landwirtschaft und seine wichtigsten Ausfuhrerzeugnisse. Tropen-pflanzer 39 (1936).
100. Leiter, H.: Die Frage der Klimaänderung während geschichtlicher Zeit in Nordafrika. Abh. K. K. Geogr. Ges. Wien 1909.
101. Leuchs, K.: Geologie von Asien. Bd. I und II. 1935.
102. — Der asiatische Bau und seine Bedeutung für die Tektonik der Erde. Zbl. Min. 1925.
103. Liburnan und Ritter: Wald, Klima und Wasser. München 1878.
104. Ludin, A. und F. Tölke: Die Wasserkraftanlagen. 2. Hälfte, 1. Teil. Berlin 1938.
105. Ludin, A.: Wasser, ein afrikanisches Problem. Dtsch. Allg. Ztg. 80 (1941), Nr. 94.
106. Ludin, A. und E. Thoma: Wasserwirtschaft in Afrika. Sonderdruck aus: „Deutschlands Erneuerung". 1941.
107. Machatschek: Zum Klima von Turkestan. Met. Z. 1912.
108. Marquardt, E.: Von den Aufgaben der Wasserwirtschaft. Arch. Wasserw., Nr. 25. Berlin 1940.
109. Merlicek, E.: Aus Irans Kulturvergangenheit. Wasserwirtschaft und Kultur in ihren Zusammenhängen und gegenseitigen Beziehungen. Dtsch. Wasserw. 36 (1941), S. 361ff.
110. Morgan, J. d.: Le plateau Iranien pendant l'époque pleistocène. Rev. d. l'Ecole d. l'Anthr. d. Paris 1907.
111. — Mission scientifique en Perse. 5 Bde. m. Atlas. Paris 1894—1905.
112. — Note sur la géologie de Perse. Bull. Sec. Géol. France 1905.
113. Münch, W.: Das Tauernwerk. Wasserkr. u. Wasserw. 26 (1931).
114. Niedermayer, O. v.: Persien und Afghanistan. In: Handbuch der geogr. Wissenschaften, hrsg. von F. Klute, Bd. Vorderasien und Südasien 1933.
115. — Die Binnenbecken des Iranischen Hochlandes. Mitt. Geogr. Ges. München 14 (1920).
116. Niedermayer, R.: Das afghanische Bewässerungswesen. Diss. Th. Danzig 1928.
117. Nowak, E.: Das Problem der Hangkanäle im Hochgebirge. Wasserkr. u. Wasserw. 26 (1931).
118. Orth, F.: Die Verlandung von Staubecken. Bautechn. 12 (1934).
119. Partsche, I.: Über den Nachweis einer Klimaänderung der Mittelmeerländer in geschicht-licher Zeit. Verb. Dtsch. Geogr. Tag. 7 (1889).
120. Passarge, S.: Zur Frage der Klimaänderung in den Tropen. Geogr. Wschr. 1934.
121. Penk, A.: Zentralasien. Z. Ges. Erdk. 1931.
122. Petumikov, G.: Kohlenreichtum des Iran (Persiens). Montan. Rdsch. Z. Berg- und Hüttw. 30 (1938).
123. Pohl und Jäger: Bewässerungswesen in Mittelasien. Kulturtechniker 32 (1929).
124. Polak, E.: Beitrag zu den agrarischen Verhältnissen in Persien. Mitt. Geogr. Ges. Wien 1862.
125. — Eine Expedition nach dem Karagan und Elvendgebiete im Jahre 1882. Mitt. Geogr. Ges. Wien 1883.
126. Rabcewicz, L. V.: Die Nordrampe der transiranischen Eisenbahn. Bautechn. 16 (1938).
127. Range, P.: Geologie und Mineralvorkommen Persiens. Z. prakt. Geol. 34 (1926).
128. Rehbock, Th.: Deutsch-Südwest-Afrika. Berlin 1898.
129. — Wassererschließung in subtropischen Gebieten, besonders in Südwestafrika. Techn. u. Kult. 1938.
130. Reich, das (Wochenztg.) 1940, Nr. 15: Nahöstliches Erdöl.
131. — 1940, Nr. 30: Die Industrialisierung in Iran.
132. — 25. August 1940: Gemeinnutz, vor allem Wasserwirtschaft und Wasserrecht.

133. Richardson, R. K.: Die Geologie und die Salzdome im südwestlichen Teile des Persischen Golfes. Heidelberg 1916.

134. Rieben, H.: Contribution à la Géologie de l'Azerbeidjan Persan. Bull. Soc. Neuchateloise des Sciences Naturelles, t. 59. Neuchatel 1935.

135. Rivière, A.: Contribution à l'Etude géologique de l'Elbours (Perse). Rev. Géogr. phys. Géol. dyn., vol. XII fasc 1/2. Paris 1934.

136. Ruprecht, P.: Irans eisenwirtschaftliche Pläne. Stahl u. Eisen 59 (1939).

137. Roggen, G. v.: Notice sur les ancien travaux hydroliques en Susiane. In: Mémoires de la Délégation scientifique en Perse.

138. Scheidig, A.: Der Löß und seine geotechnischen Eigenschaften, Geologie und Verbreitung

139. Schindler, A. H.: Beschreibung einiger wenig bekannter Routen in Chorassan. Z. Ges. Erdk. 1877.

140. — Von Schuschter nach Isfahan. Z. Ges. Erdk. Berlin 1879.

141. — Reisen im südlichen Persien 1879. Z. Ges. Erdk. Berlin 1881.

142. — Klimatafeln aus Persien. Peterm. Mitt. 55 (1909).

143. Schott, G.: Ozeanographie und Klimatologie des Persischen Golfes und des Golfes von Oman. Ann. Hydr. marit. Met. 46 (1918).

144. — Persischer Golf, seine Geographie und die seiner Randgebiete. Mitt. Geogr. Ges. 31. Hamburg 31 (1919).

145. Sjögren, H.: Beiträge zur Geologie des Berges Savelan in Nordpersien. Verh. Russ. Min. Ges. 24 (1888).

146. Sommerland, B.: Nordisches Bauerntum in Iran. Germanien 1936, Heft 10.

147. Stadermann: Zusammenhang zwischen Wasserwirtschaft und Landeskultur. Dtsch. landw. Presse 57 (1930).

148. Stahl, A. F.: Zur Geologie von Persien. Peterm. Erg.-Bd. 122 (1896).

149. — Reisen in Nord- und Zentralpersien. Peterm. Mitt., Erg.-Bd. 118.

150. — Teheran und Umgebung. Peterm. Mitt. 46 (1900).

151. — Von der kaukasischen Grenze nach Täbris und Kaswin. Peterm. Mitt. 49 (1903).

152. — Die orographischen und geologischen Verhältnisse des Karadag in Persien. Peterm. Mitt. 50 (1904).

153. — Reisen in Zentral- und Westpersien im Früjahr 1905. Peterm. Mitt. 51 (1905).

154. — Geologische Betrachtungen in Zentral- und Westpersien. Peterm. Mitt. 53 (1907).

155. — Persien. Handbuch der regionalen Geologie, V/6. Heidelberg 1911.

156. — Eine Reise nach Teheran während der Revolution. Peterm. Mitt. 57 (1911).

157. — Die persischen Eisenbahnprojekte. Peterm. Mitt. 57 (1911).

158. — Die orographischen und hydrographischen Verhältnisse des Elbursgebirges in Persien. Peterm. Mitt. 73 (1927).

159. — Persien und seine wirtschaftlichen Hilfsquellen. Geogr. Z. 34 (1928).

160. Stiny, J.: Technische Geologie, 1. Aufl. Wien 1923.

161. Stratil-Sauer, G.: Eine Route im Gebiet des Kuh-e-Hezar (Südiran). Peterm. Mitt. 83. (1937).

162. — Kanate, Persiens künstliche Bewässerungsanlagen. Die Umschau 41 (1937). Frankfurt.

163. — Meschhed, eine Stadt baut am Vaterland Iran. Leipzig.

164. Suess, E.: Antlitz der Erde. Leipzig 1901.

165. Terra, H. d.: Zum Problem der Austrocknung des westlichen Innerasiens. Z. Ges. Erdk. Berlin 1930.

166. Tholens, R.: Die Wasserwirtschaft in Babylonien (Irak Arabi) in Vergangenheit, Gegenwart und Zukunft. Z. Ges. Erdk. Berlin 1913.

167. Thoma, E.: Der Anteil wasserwirtschaftlicher Maßnahmen an der Erschließung afrikanischer Länder. Dtsch. Wasserw 36 (1941).

168. Tietze, E.: Ein Ausflug nach dem Siah-Kuh. Mitt. Geogr. Ges. Wien 1875.

169. — Zur Theorie der Entstehung der Salzsteppen. Jb. K. K. Geol. Reichsanst. Wien 1877.

170. — Der Vulkan Demavend in Persien. Jb. K. K. Geol. Reichsanst. Wien 1878.

171. — Die Mineralreichtümer Persiens. Jb. K. K. Geol. Reichsanst. Wien 1879.

172. — Über einige Bildungen der jüngeren Epochen in Nordpersien. Jb. K. K. Geol. Reichsanst. Wien 1881.

173. — Über die Bodenplastik und die geologische Beschaffenheit Persiens. Mitt. Geogr. Ges. Wien 29 (1886).

174. Tismer, A.: Aufbau und Krisenprobleme der iranischen Volkswirtschaft. Weltwirtschaftl. Arch. 42 (1935).

175. Tornquist: Das Gesetz der Wasserbewegung im Gebirge. Graz 1922.

176. Trossbach, G.: Die Bedeutung des Waldes für die Wasserwirtschaft. Wasserkr. und Wasserw. 29 (1934).
177. Trotha, Th. v.: Eine militärgeographische Skizze. Peterm. Mitt. 1911.
178. Vageler, A.: Landes- und Bodenkultur Persiens. Z. Pflanzenernährung u. Düngung. Leipzig 27 (1933).
179. — Wüsten sollen fruchtbar werden. Dtsch. Allg. Ztg. 1940, Nr. 369.
180. Veröffentlichung des Generaldepartements für Landwirtschaft. Allgemeine, telegraphisch mitgeteilte meteorologische Beobachtungen. Teheran 1319 (= 1940).
181. — Landwirtschaftliche Statistik (iranisch und französisch). Teheran 1316 (= 1937/38).
182. V. B. 1934, 25. März: Ableitung des Hachingerbaches zum Hüllgraben.
183. Wagner, A.: Klimaänderungen und Klimaschwankungen. Braunschweig 1940.
184. Wasserwirtschaft, Deutsche: Technische Probleme des Tauernwerks. 1931, H. 13—14.
185. Wesendock, O. G. v.: Das Weltbild der Iranier. München 1933.
186. Wiedemann: Ausführung von Stollenbauten in neuzeitlicher Technik. Berlin 1937.
187. Wieser, W.: Der neue Wasserwirtschaftsplan Spaniens. Wasserw. u. Techn. 1935, S. 211—15.
188. Wilser, J. L.: Die natürlichen Bedingungen der Donauversinkung und deren wirtschaftlicher Nutzung. Freiburg 1924.
189. Woeikof, A.: Klimate der Erde. Jena 1887.
190. — Die Gewässer Russisch-Turkestans und die Zukunft der Bodenkultur des Landes. Z. Ges. Erdk. Berlin 1914.
191. Wolff, F.: Avesta, die heiligen Bücher der Parsen. Straßburg 1910.
192. Zimbalenko, S. J.: Die Kärise des transkaspischen Gebietes. Hrsg. v. d. Abt. f. Bodenkult. d. Minist. f. Landw. St. Petersburg 1896.

Die nordischen Wasserkräfte. Ausbau und wirtschaftliche Ausnutzung. Von Professor Dr.-Ing. Dr. techn. h. c. **Adolf Ludin** VDI, Berlin. Unter Mitarbeit von Dr.-Ing. Paul Nemenyi, Diplom-Ingenieur. Mit 1005, zum Teil farbigen Abbildungen im Text und auf 2 Tafeln. VIII, 778 Seiten. 1930.　　Ganzleinen RM 144.—

Die Wasserkräfte, ihr Ausbau und ihre wirtschaftliche Ausnutzung. Ein technisch-wirtschaftliches Lehr- und Handbuch. Von Professor Dr.-Ing. Dr. techn. h. c. **Adolf Ludin** VDI, Berlin. Zwei Bände. Mit 1087 Abbildungen im Text und auf 11 Tafeln. XX, 1404 Seiten. 1913. Unveränderter Neudruck 1923.　　Ganzleinen RM 59.40

Wasserkraftanlagen. Herausgegeben von Professor Dr.-Ing. Dr. techn. h. c. **Adolf Ludin** VDI, Berlin.

1. Hälfte: **Planung, Triebwasserleitungen und Kraftwerke.** Mit 601 Abbildungen im Text und auf einer Tafel. XVIII, 516 Seiten. 1934.　　Halbleinen RM 33.30

2. Hälfte, 1. Teil: **Talsperren.** Staudämme und Staumauern. Bearbeitet von Professor Dr.-Ing. **Friedr. Tölke** VDI, Berlin, unter Mitwirkung von Professor Dr.-Ing. Dr. techn. h. c. **Adolf Ludin** VDI, Berlin. Mit 1189 Abbildungen im Text. XI, 734 Seiten. 1938.　　Halbleinen RM 77.85

2. Hälfte, 2. Teil: **Wehre, Hochwasserentlastungs- und Betriebsanlagen der Talsperren.**　　In Vorbereitung.

Quellen (Süßwasser- und Mineralquellen). Wesen, Chemismus, Aufsuchung, Nachweis, natürlicher Mechanismus, Bau von Fassungen, Beobachtung, Hygiene, Schutz. Von Ziv.-Ing. **E. Prinz,** Berlin, und Direktor Prof. Dr.-Ing. **R. Kampe,** Prag. (Handbuch der Hydrologie, Bd. II.) Mit 274 Textabbildungen. VII, 290 Seiten. 1934.　　Halbleinen RM 24.—

Die Hochwasservoraussage. Von Dr.-Ing. **Josef Wallner,** Aschaffenburg. Mit 40 Abbildungen im Text. VII, 65 Seiten. 1938.　　RM 7.50

SPRINGER-VERLAG / WIEN

Stauraumverlandung und Kolkabwehr. Von Professor Dr.-Ing. e. h. **Armin Schoklitsch,** Brünn. Mit 191 Abbildungen und 16 Tabellen. VIII, 178 Seiten. 1935.

RM 18.—

Die geologischen Grundlagen der Verbauung der Geschiebeherde in Gewässern. Von Professor Ing. Dr. phil. **J. Stiny,** Wien. Mit 40 Textabbildungen. VI, 121 Seiten. 1931. RM 13.—

Grundriß der Wildbachverbauung. Von Hofrat Ing. **Georg Strele.** Mit 150 Textabbildungen. IX, 279 Seiten. 1934. RM 24.50

Geschiebebewegung in Flüssen und an Stauwerken. Von Professor Dr.-Ing. e. h. **Armin Schoklitsch,** Brünn. Mit 124 Abbildungen im Text. IV, 108 Seiten. 1926. RM 8.70

Die Wasserbewegung im Dammkörper. Erforschung der inneren Vorgänge im Wege von Versuchen. Von Ing. **Ignaz Schmied,** Hofrat i. R. Mit 150 Abbildungen im Text. VIII, 200 Seiten. 1928. RM 22.—

Die Quellen. Die geologischen Grundlagen der Quellenkunde für Ingenieure aller Fachrichtungen sowie für Studierende der Naturwissenschaften. Von Professor Ing. Dr. phil. **Josef Stiny,** Wien. Mit 154 Abbildungen im Text. VIII, 255 Seiten. 1933.

RM 16.—

Hydrographie. Von Professor Ing. Dr. techn. **Friedrich Schaffernak,** Wien. Mit 410 Textabbildungen und 46 Tabellen. IX, 438 Seiten. 1935. Ganzleinen RM 46.50